步印童书馆 编著

北京市数学特级教师 丁益祥
北京市数学特级教师 司梁
『卢说数学』主理人 卢声怡
联袂力荐

数学分级读物

第三阶 1 乘法与除法

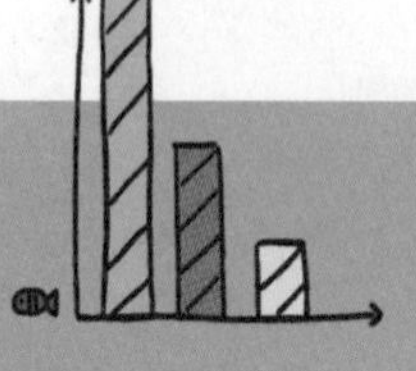

中国儿童的数学分级读物
培养有创造力的数学思维
讲透原理 → 系统进阶 → 思维转换

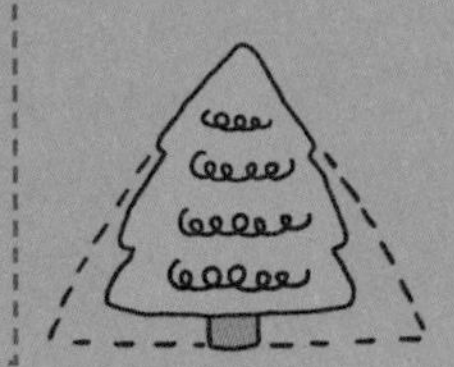

電子工業出版社
Publishing House of Electronics Industry
北京·BEIJING

图书在版编目（CIP）数据

小牛顿数学分级读物. 第三阶. 1, 乘法与除法 / 步印童书馆编著. -- 北京：电子工业出版社, 2024.6
ISBN 978-7-121-47634-1
Ⅰ. ①小… Ⅱ. ①步… Ⅲ. ①数学－少儿读物 Ⅳ. ①O1-49
中国国家版本馆CIP数据核字(2024)第068396号

特别鸣谢本书组稿策划人郑利强先生。

责任编辑：赵　妍　季　萌
印　　刷：当纳利（广东）印务有限公司
装　　订：当纳利（广东）印务有限公司
出版发行：电子工业出版社
　　　　　北京市海淀区万寿路173信箱　邮编：100036
开　　本：889×1194　1/16　印张：13.75　字数：276千字
版　　次：2024年6月第1版
印　　次：2024年6月第1次印刷
定　　价：80.00元（全4册）

凡所购买电子工业出版社图书有缺损问题，请向购买书店调换。若书店售缺，请与本社发行部联系，联系及邮购电话：（010）88254888，88258888。
质量投诉请发邮件至zlts@phei.com.cn，盗版侵权举报请发邮件至dbqq@phei.com.cn。
本书咨询联系方式：（010）88254161转1860，jimeng@phei.com.cn。

目录

乘法的基础

大数的乘法

带有0的乘法

1. 40×6 的乘法应该怎样计算呢？用花钱买东西来举例子，帮助我们想一想，算一算。

40×6=？

想一想，假如买一个西瓜要花 40 元，我们要买 6 个，一共要花多少钱？

可以这样想：买一个西瓜花的钱等于 4 张 10 元的纸币。

4×6→24

答案很明显：10 元纸币有 24 张，所以一共等于 240 元。

40×6=240

把 4×6 的得数乘上 10 倍就是答案。40×6，把 10 看成单位，就是（4×6）个这样的单位，很容易算。

2. 用同样的方法想一想，7×50 该如何计算？

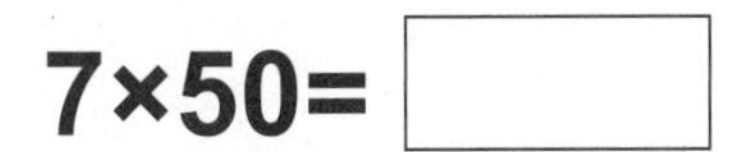

买铅笔 1 支花 7 元，买 50 支铅笔一共花多少元？

将 50 支铅笔每 10 支分成 1 捆，一共可以分成 5 捆。

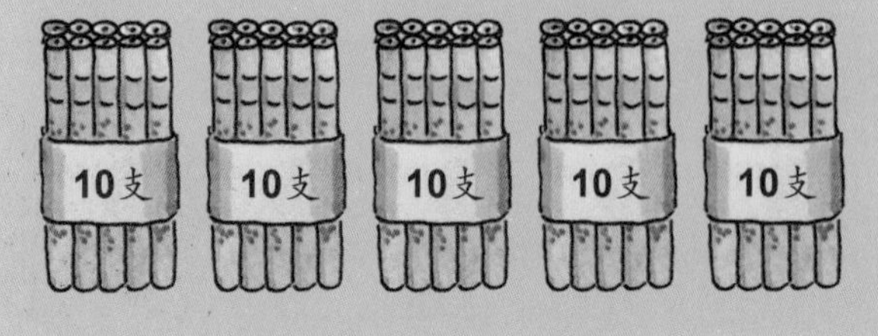

1 捆铅笔的价格是 7 元的 10 倍，一共等于 70 元。有 5 捆铅笔，所以，70×5=350。

如果把铅笔分成 5 支 1 捆，50 支铅笔，一共可以分成 10 捆。

学习重点

遇到乘数末尾有“0”，先算出“0”前面数的乘积，再在积的末尾添上“0”，就可以计算 50×3 或 70×2 等带 0 的乘式。

1 捆铅笔的价格是 7 元的 5 倍，所以，

7×5=35（元）

一共有 10 捆铅笔，所以，

35×10=350（元）

两种算法的答案都相同。

以 5 支铅笔为基准的计算方法是：

7×50=350

先算 7×5，再将得到的数乘 10，就是答案。

无论乘数有多大，只要利用上面所学的解题原理，就可以得出答案。

0 就是放着不必计算，只要将先前得到的积乘 10 就是答案。

这里学会了两个带有 0 的乘法 40×6 和 7×50。

以 70×5 为例，两个乘数互相交换再相乘，所得的答案仍然相同。

7×50=50×7=350

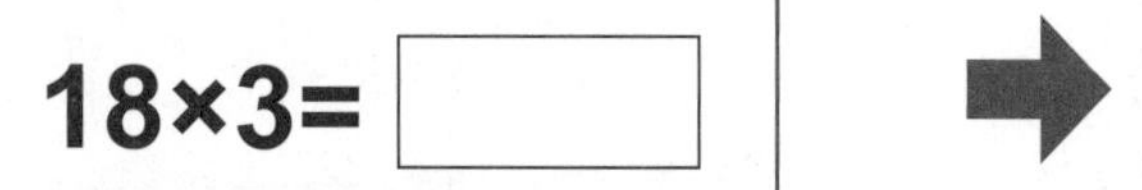

如何计算 18×3，利用花钱买东西的方法来想一想。把钱排列出来。

18×3= □

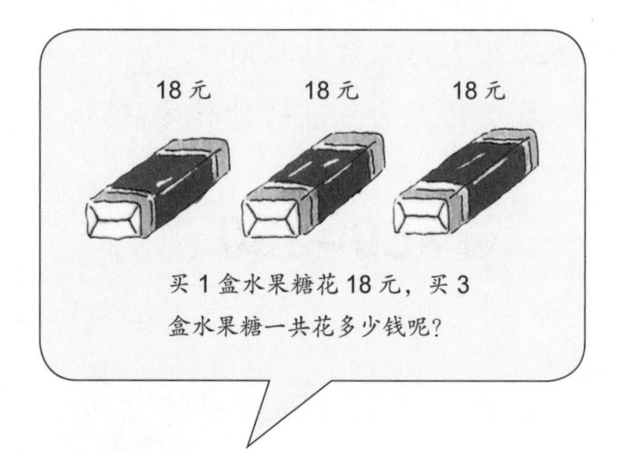

1. 如果上述乘法计算通过花钱买东西的方法想通了，你会不会只用数字将 10 和 8 分开分别计算，想一想怎么写出算式。

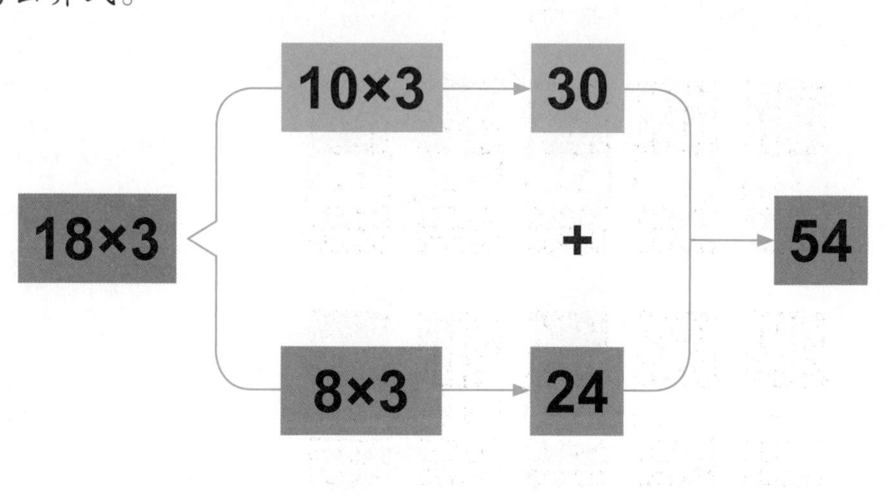

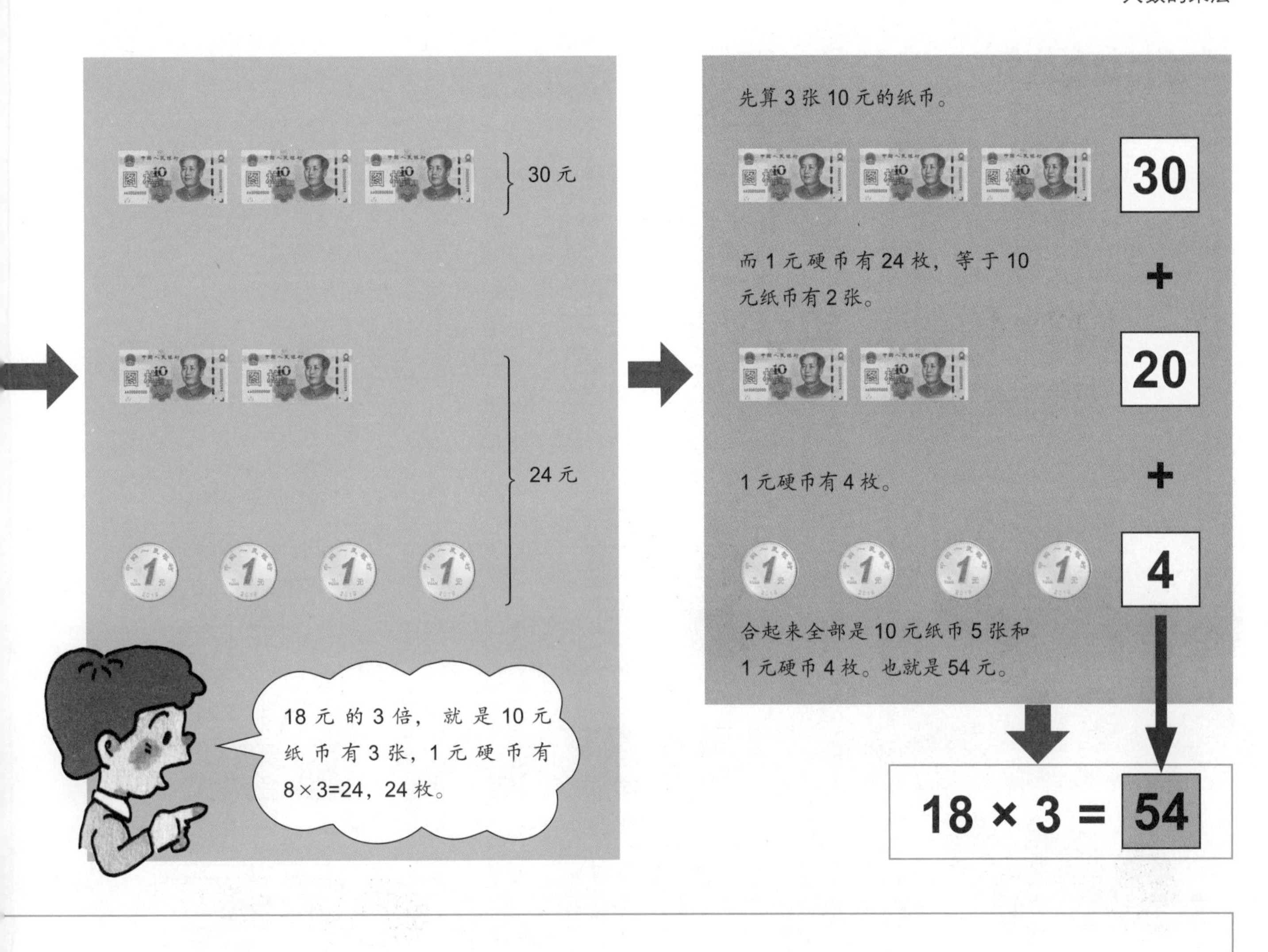

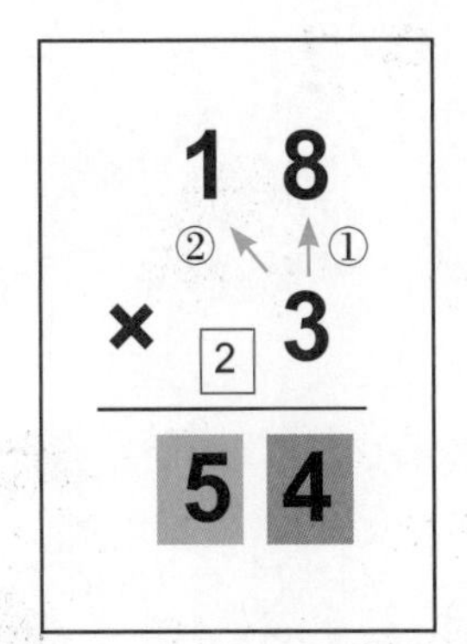

2. 将 18×3 换成竖式的乘法笔算。

$$\begin{array}{r} 18 \\ \times\ 3 \\ \hline 54 \end{array}$$

（进位 2）

①个位上的数的乘法

3×8= 2 4 → 个位上的数是 4，向十位进位 2

②十位上的数的乘法

3×1= 3 → 十位上的数加上进位的数 2 → 3+2= 5

和加法、减法一样，乘法的笔算也从个位上的数开始计算。

依照①、②的箭头指示，用乘法口诀来计算。

◉ 乘法笔算练习

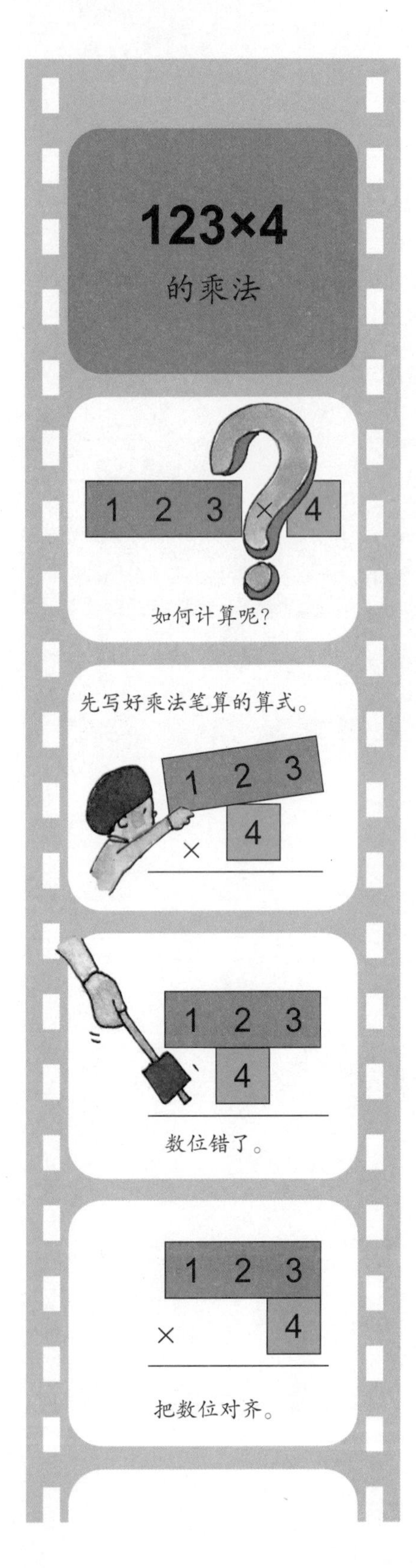

两个乘数的数位要对齐，才能求出正确的答案。

先从个位上的数开始计算。

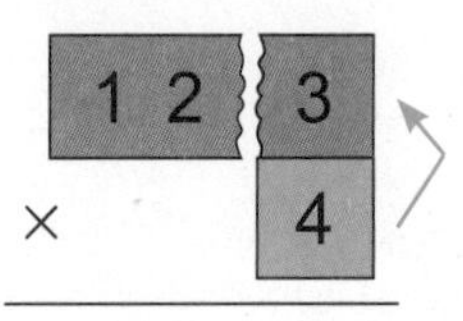

4×3=12，
向十位上的数进1。

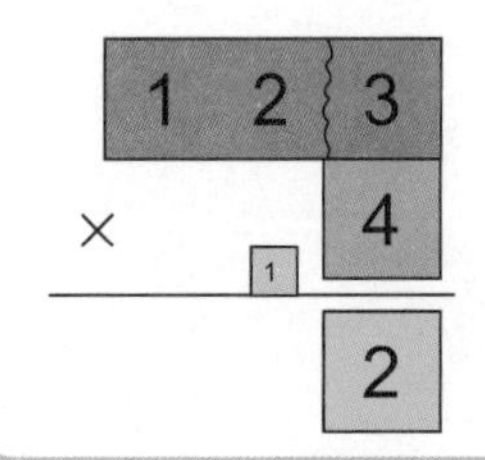

接着计算十位上的数。

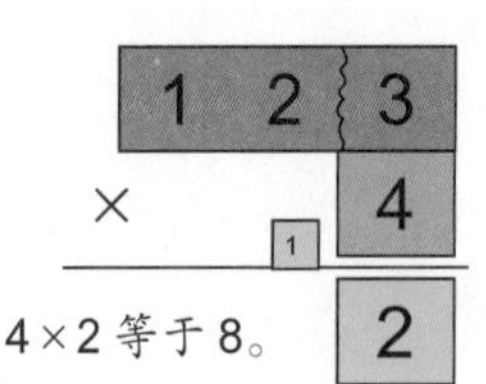

4×2等于8。

将2×4的积加上由个位上所进位的数1。
8+1=9。

最后计算百位上的数。

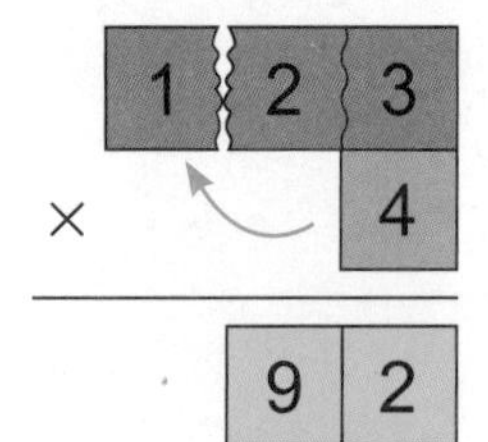

4×1=4，百位上的数为4。

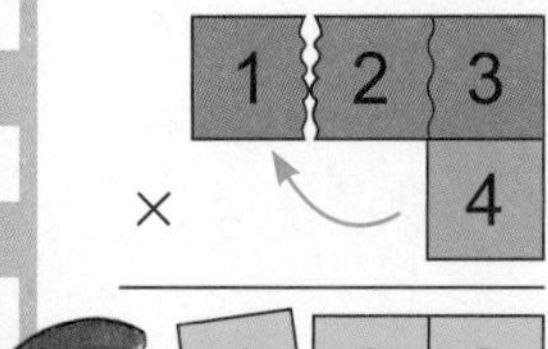

答案是：

492

原来如此，只要把数位对齐，再从个位上的数计算，就可以得出答案了。

63×49

两位数乘两位数的乘法

首先，将数位对齐

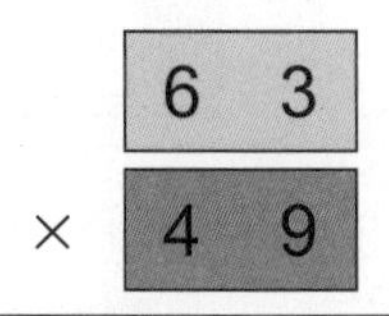

由于本题的乘数有两位，所以无法一次计算完，必须分两次计算。

分为两部分则为：

$$\begin{cases} 63 \times 9 \\ 63 \times 40 \end{cases}$$

$$\begin{array}{r} 63 \\ \times\ 49 \\ \hline \end{array}$$

这样计算也可以。

个位上的数相乘的积，必须向十位上的数进位。

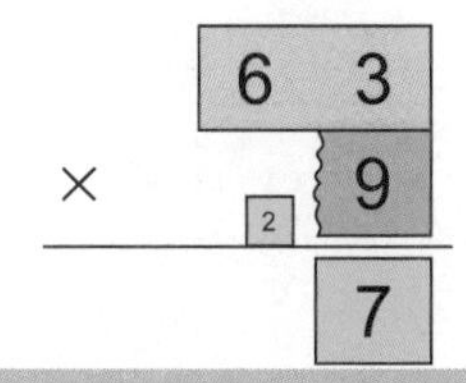

十位上的数的计算，

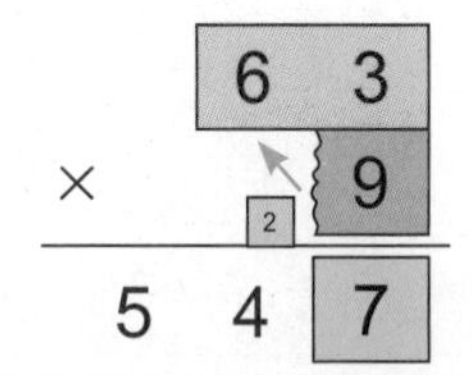

加上进位的数 2。

现在来算 63×40，

$$\begin{array}{r} 63 \\ \times\ 40 \\ \hline \end{array}$$

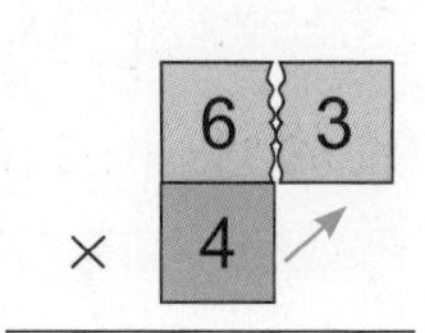

这次也是从个位上的数算起。

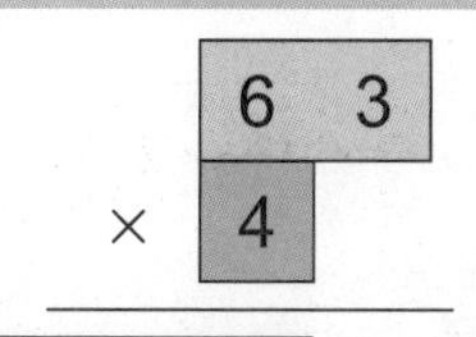

这里需特别注意！

同样先从个位上的数开始计算，但其实是 40×3，所以得到的数要写在十位上。

将分开计算得到的数合起来。

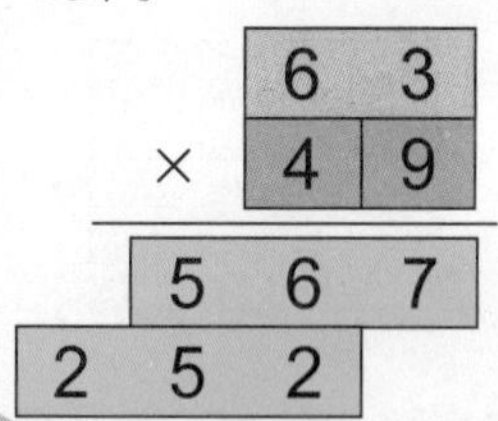

加起来就是本题的答案。

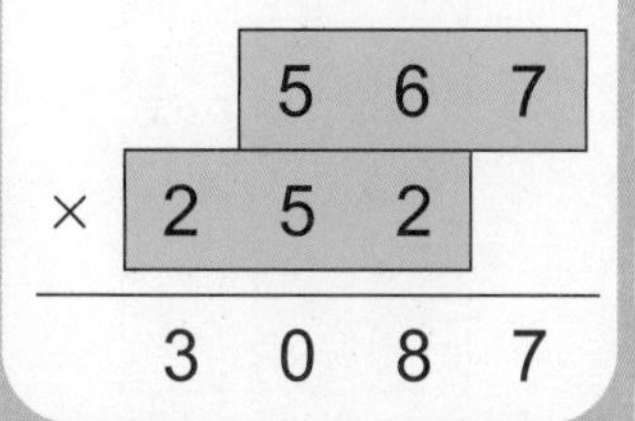

十位上的数乘上乘数所得到的积，表示几十个，要写在十位上。

313×52

三位数 × 两位数的乘法

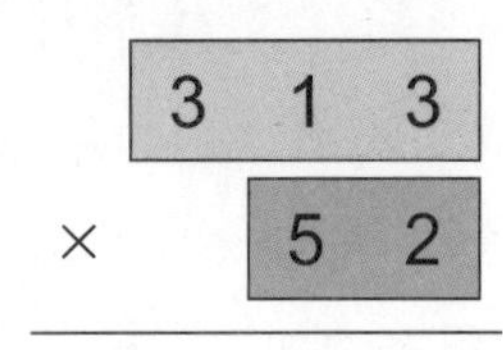

首先，对齐数位。

从个位上的数开始计算。

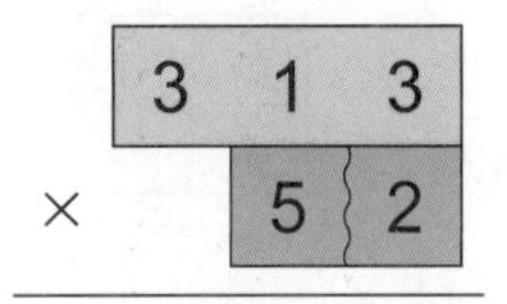

313×2 的计算

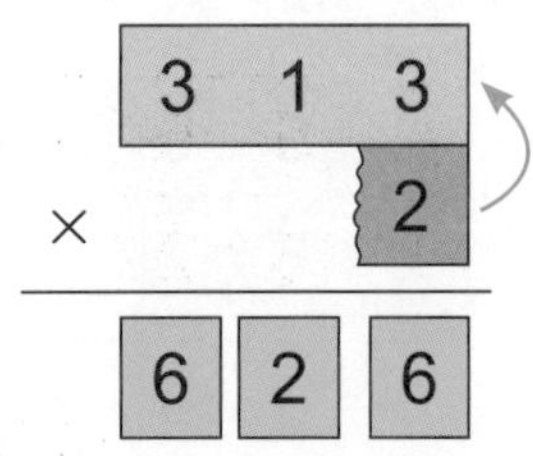

接着为 313×50 的计算

$$\begin{array}{r} 313 \\ \times\ 5 \end{array}$$

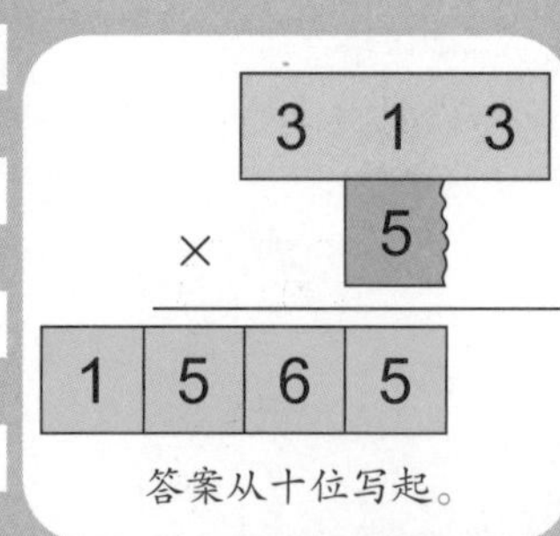

答案从十位写起。

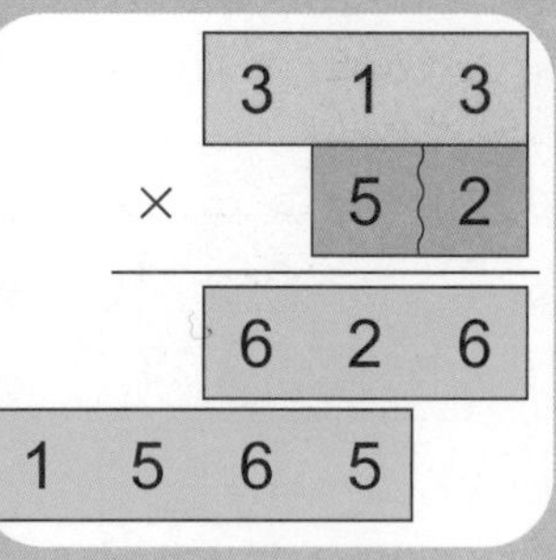

把两个数加起来。

$$\begin{array}{r} 626 \\ +\ 1565 \\ \hline 16276 \end{array}$$

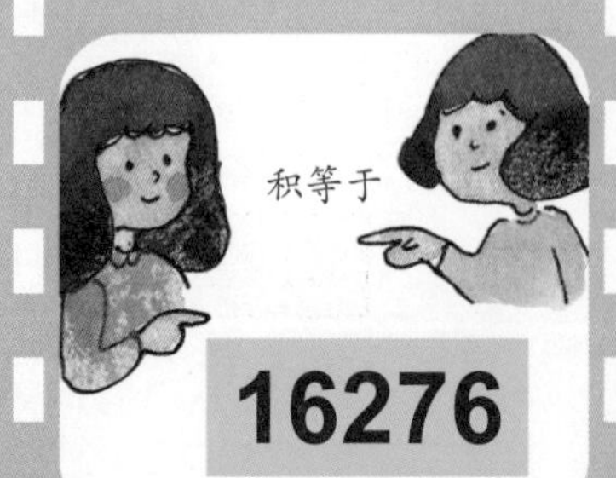

三位数 × 两位数的计算方法，和两位数 × 两位数的方法一样。

475×70

带 0 的乘法

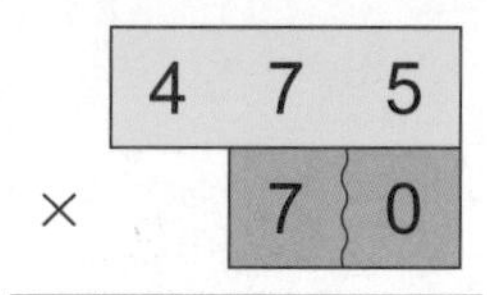

和前面三位数 × 两位数的算法相同，从 0 算起。

$$\begin{array}{r} 475 \\ \times\ 70 \\ \hline 000 \end{array}$$

0 乘任何数积都等于 0。

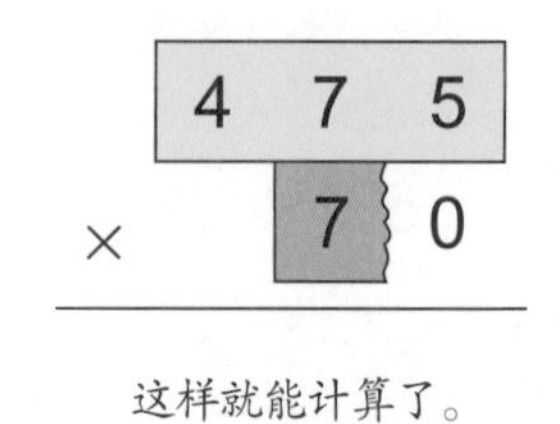

这样就能计算了。

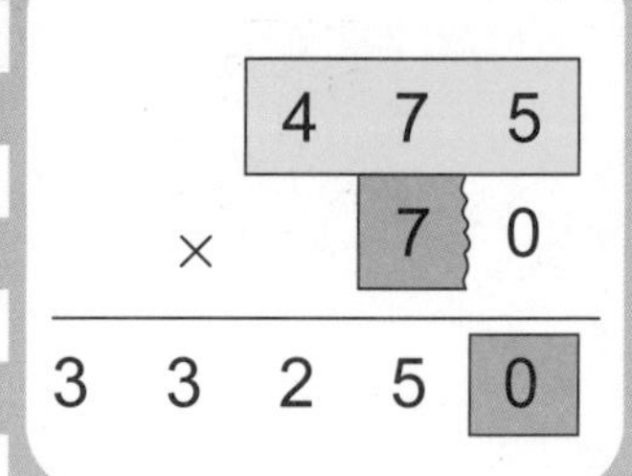

不必算0的乘法，直接从7开始计算，最后在得到的积后面加上0，就是得数。

遇到乘数的末位有0时，可以直接跳过0不必计算，只要将得到的积乘10，就可以得出正确的得数。但是如果像407×35这样的题，就不能用上述方法计算，因为407的0不在数的末位。必须考虑并注意0在数字中的位置。

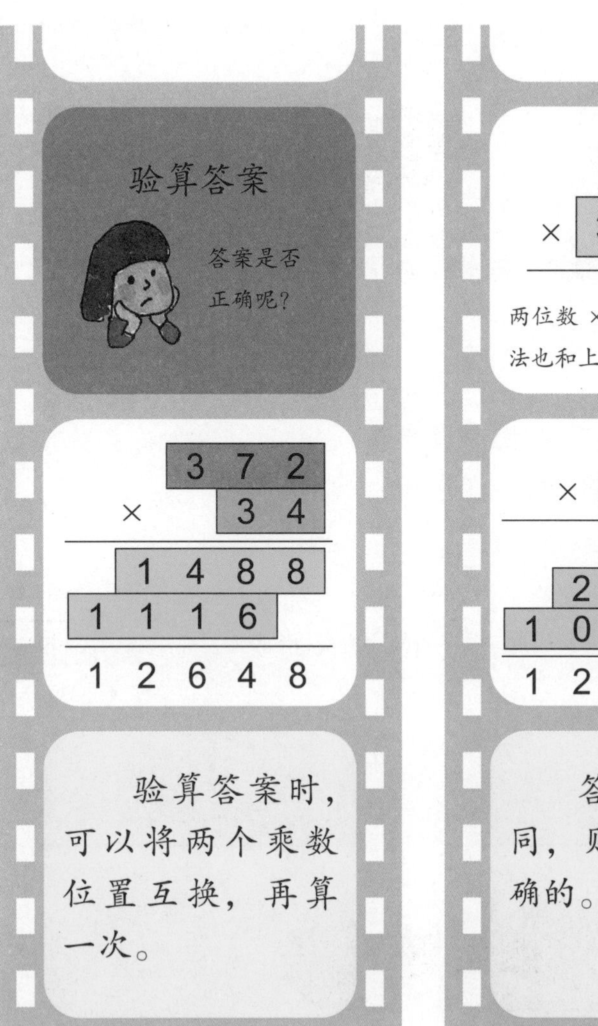

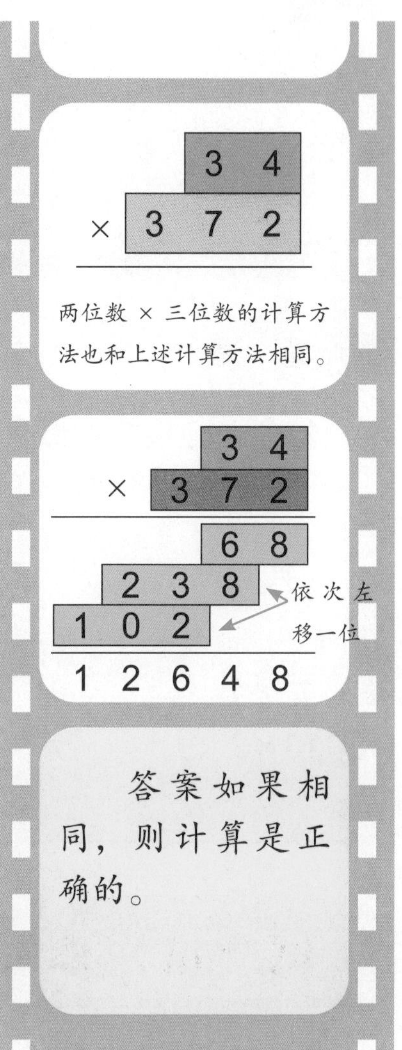

综合测验

（1）根据左边算式的答案，写出右边算式的答案。

① 52×40=2080 { 52×41= □（提示：比52×40多1个52）; 52×39= □ }

② 125×8=1000 { 125×4= □; 125×80= □ }

③ 136×4=544　136×44= □

（2）不用填出▭中的数字，你能写出□里的答案吗？

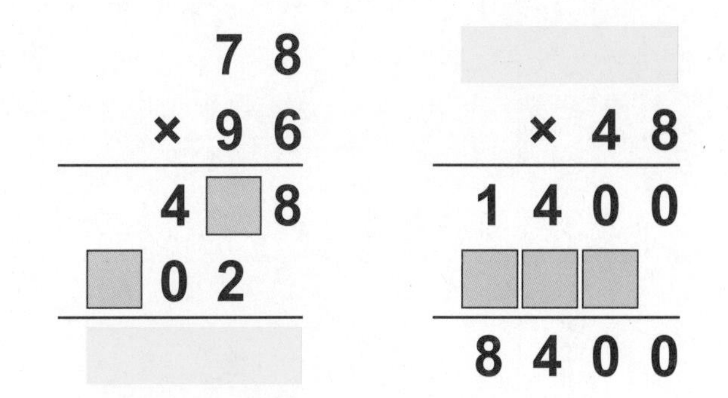

综合测验答案：（1）① 2132、2028；② 500、10000；③ 5984。（2）① 6、7；② 7、0、0。

整 理

1. 什么时候可以用乘法呢?

(1)把长13厘米的2块积木排在一起，长度是多少?

13×2

(2)积木长13厘米，13厘米的2倍是多少?

13×2

由下图可以看出(1)和(2)本质相同。下图显示了把不同块数的长13厘米的积木连接起来的长度。

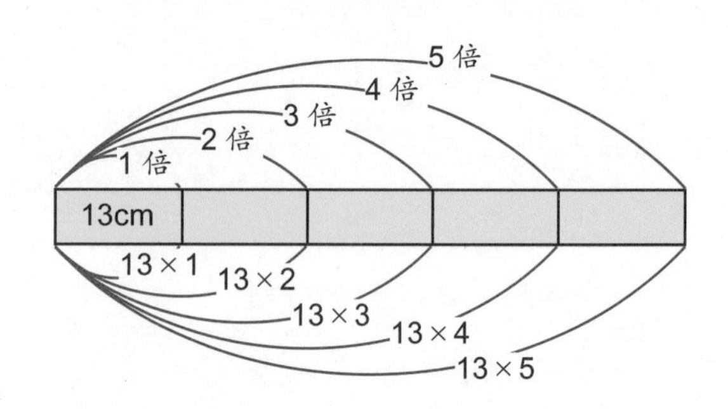

试一试，来做题。

1. 小明和同学们一起去秋游。

①一共有4辆游览车，每辆车可以坐45人，4辆车总共可以坐多少人?

算式[ ] 答 ☐ 人

② 3年级共有4个班，每个班加上老师共有38人。游览车总共还剩多少个空位?

算式[ ] 答 ☐ 个

答案：1. ① 45×4=180，180；② 38×4=152，45×4=180，180−152=28，28。

2. 0 的乘法

（1）0 乘任何数，积都等于 0。

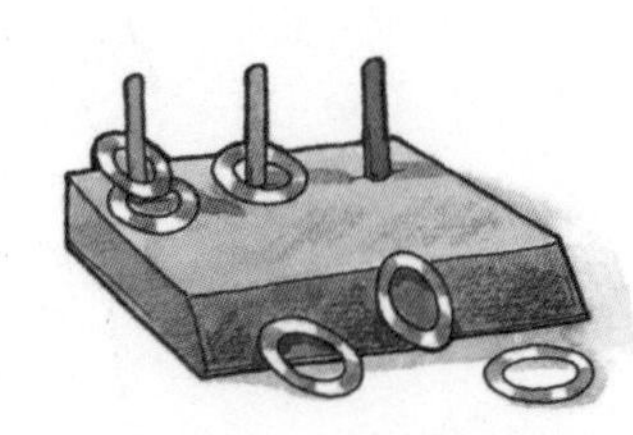

玩套环游戏时，1 分的地方套进了 2 个环，就是 2 个 1。

$1\times2=2$（分）

2 分的地方套进了 1 个环，就是 1 个 2。$2\times1=2$（分）

其余的 3 个环都是 0 分，就是 3 个 0。

$0\times3=0$（分）

（2）0 乘任何数积都等于 0。

3 分的地方没有套进环。

$3\times0=0$（分）

3. 计算的方法

426×3 的计算方法

$$\begin{array}{r}426\\ \times\quad 3\\ \hline 8\end{array}$$

● 把 $3\times6=18$ 的 8 写在个位上，然后进 1。

$$\begin{array}{r}426\\ \times\quad 3\\ \hline 78\end{array}$$

● 把 $3\times2=6$ 的 6 加上进位的 1，再将 $6+1=7$ 的 7 写在十位上。

$$\begin{array}{r}426\\ \times\quad 3\\ \hline 1278\end{array}$$

● 把 $3\times4=12$ 的 2 写在百位上，而 1 则写在千位上。

2. 在秋游的路上，有一家卖栗子的店铺。

便宜哟！好吃哟！

1 盒有 44 颗栗子，共 60 元

①有 8 个盒子，每个盒子装 44 颗栗子。一共有多少颗栗子？

算式［　　　　］　答 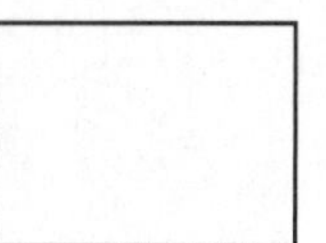 颗

②每盒卖 60 元，8 盒一共卖多少元？

算式［　　　　］　答 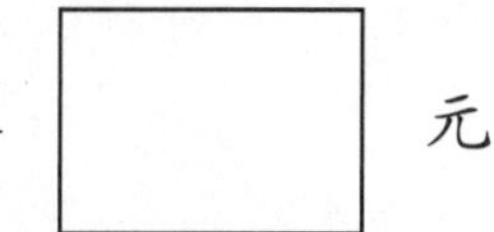 元

答案：2. ① $44\times8=352$，352；② $60\times8=480$，480。

3. 在午饭后的自由活动时间，小明和同学们一起玩套环的游戏。

下表是小明玩套环游戏的分数。在空白的地方填上正确的数字或算式。

套环游戏的分数

套进的位置（分数）	4	3	2	1	0
套进的圈数（个）	3	0	6	13	9
计算分数的算式	4×3				
分　数					

4. 女同学们一起去采花。

每 1 束有 12 朵花，班上有 38 人，每人分 1 束，一共有多少朵花？

算式［　　　　　　　　　　］　答［　　］朵

答案：3. 计算分数的算式 3×0，2×6，1×13，0×9；分数 12、0、12、13、0。4. 12×38=456，456。

5. 计算练习

① 0×12= □ ② 14×0= □ ③ 23×3= □

④ 36×2= □ ⑤ 123×4= □ ⑥ 365×4= □

⑦ 108×6= □ ⑧ 420×8= □ ⑨ 24×35= □

6. 根据等号左边，在等号右边的□里填上正确的数字。

① 25×4=100　　25×5=100+ □

② 24×3=72　　24×6=72× □

③ 18×9=162　　18×10=162+ □

④ 7×2×4=7× □

⑤ 27×20=540　　27×19=540− □

答案：5. ① 0；② 0；③ 69；④ 72；⑤ 492；⑥ 1460；⑦ 648；⑧ 3360；⑨ 840。
6. ① 25；② 2；③ 18；④ 8 （先求 2×4 的答案）；⑤ 27。

解题训练

■ 注意算式中用的乘数是哪两个。

1 小玉班上有 38 人，每人分到 3 张作文稿纸，请问一共需要多少张稿纸？

◀ 提示 ▶
算式的写法和题目里数量的出现顺序无关。

解法：先抓住重点，找出要求的问题是什么。

因为要求的是作文稿纸的张数，先用已知的张数做计算。1 人分得 3 张，共有 38 人，所以是 3 张的 38 倍。

$3\times38=114$（张）　　答：一共需要 114 张稿纸。

■ 做除法计算后，求原来的被除数。把除法变为乘法。

2 有 1 条长带子，12 人平分，每人分得 2 米。请问原来的带子有多少米？

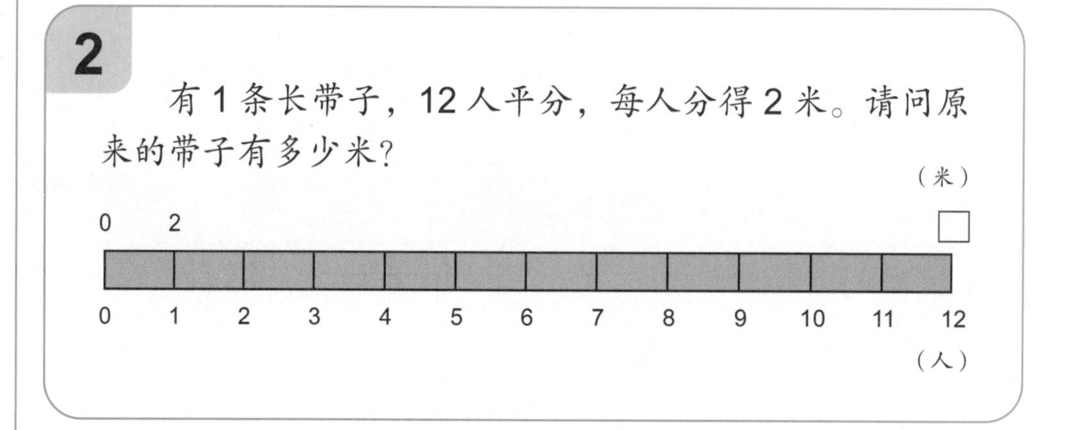

◀ 提示 ▶
原来的带子长度等于每人分得长度的几倍数。

解法：题目里虽然写着“平分”，但本题并非除法的练习。仔细看图便知原来的带子长度是 1 人分得长度（2 米）的 12 倍。

$2\times12=24$（米）

答：原来的带子有 24 米。

■ 利用2组算式求得答案。

3

有1条长铁丝，小明从铁丝上剪下16小段，每小段长为50厘米，还剩86厘米铁丝。请问铁丝原有多少厘米？

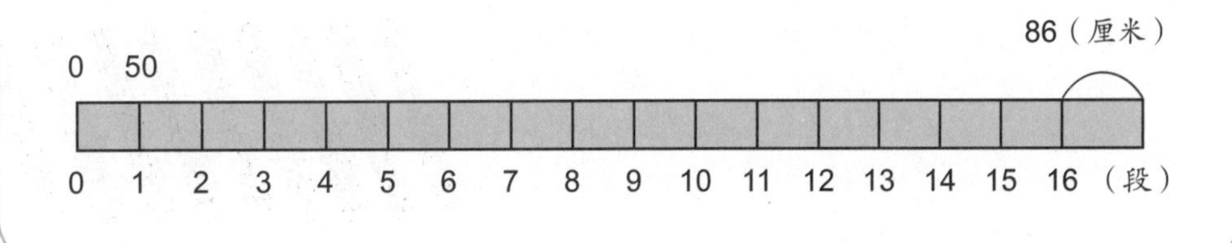

◀提示▶
如果没有剩余，铁丝原有多少厘米？

解法：每小段长为50厘米，先求16小段共有多少厘米，然后再加上剩余的86厘米。

$50\times16=800\quad 800+86=886$（厘米）

答：铁丝原有886厘米。

■ 利用2组算式求得答案。

4

有7个箱子，每个箱子中装有80个苹果。打开7个箱子一看，其中有4个坏苹果。

那么，好的苹果一共有多少个？

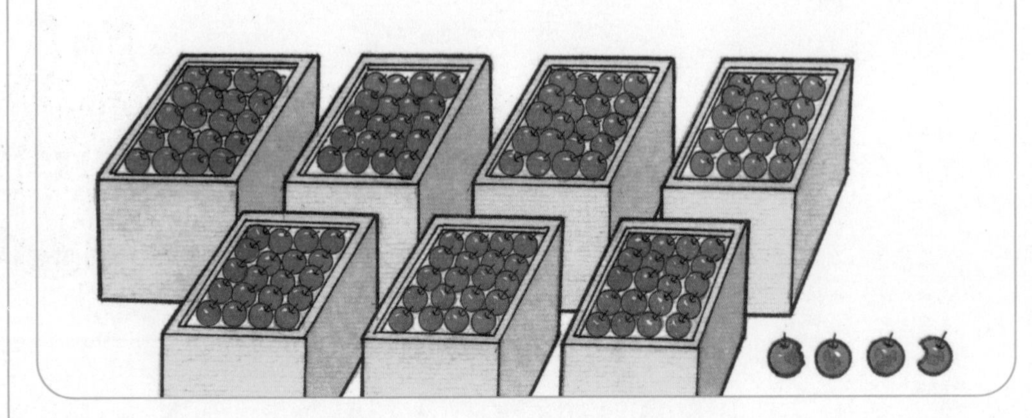

◀提示▶
无论苹果的好坏，可以先求出一共有多少个苹果。

解法：如果苹果没有坏，全部的苹果数是80个的7倍。把全部的苹果数减去4个坏苹果，就可以求得好苹果的数量了。

$80\times7=560\quad 560-4=556$（个）

答：好的苹果一共有556个。

■ 利用2组算式求得答案。

5

每支铅笔5元，手里有200元，买了9支铅笔后，还剩多少元钱？

◀ 提示 ▶

先计算铅笔的全部价钱。

解法：买9支铅笔，每支5元，铅笔的全部价钱是5元的9倍。从200元减去买铅笔花的钱，然后就是剩余的钱。

$5\times9=45$（元） $200-45=155$（元）

答：还剩455元。

■ 利用多次乘法求得答案。

6

有2打果汁，每瓶果汁的容量是200毫升；有13瓶可乐，每瓶可乐的容量是500毫升。哪一种饮料的总量较多？多多少毫升？

◀ 提示 ▶

比较2打果汁和13瓶可乐的总量。

解法：计算2打果汁的总量。1打果汁有12瓶，2打果汁是$12\times2=24$，共有24瓶。每瓶200毫升，所以$200\times24=4800$，果汁共有4800毫升。

接着计算可乐的总量。$500\times13=6500$，共有6500毫升。果汁和可乐的差就是$6500-4800=1700$，相差1700毫升。

答：13瓶可乐的总容量较多，多1700毫升。

■ 用不同的方法求出答案。

7 每个石榴 55 元，共有 6 人，每人各买 3 个石榴，一共需要多少钱？

用不同的方法求出答案。

◀ 提示 ▶

有下面两种计算方法。

（1）先计算每人需要的钱数。

（2）先计算 6 人所买的石榴总数。

解法： 有两种计算方法。

（1）先计算每人需要的钱数。

每个石榴 55 元，3 个石榴需要的钱数为 55 元的 3 倍。

$$55\times3=165（元）$$

再计算 6 人需要的钱数。

6 人需要的钱数是每人需要的钱数的 6 倍，所以

$165\times6=990$（元）

答：一共需要 990 元。

（2）先计算 6 人所买的石榴总数。

每人买 3 个，6 人所买的石榴总数是 3 个的 6 倍。

$$3\times6=18（个）$$

再计算需要的全部钱数。

18 个石榴，每个 55 元，需要的全部钱数是 55 的 18 倍。

$55\times18=990$（元）

答：一共需要 990 元。

如果只用 1 组算式计算

（1）是 $(55\times3)\times6=990$（元）；

（2）是 $55\times(3\times6)=990$（元）；

（1）和（2）都可写成 $55\times3\times6=990$（元）。

加强练习

1. 有 6 瓶橘子果汁。把这些果汁分给 8 人，每人 300 毫升，剩下 1 瓶多一点儿。

剩余的果汁是 600 毫升。

原来共有多少毫升的果汁？

算式 [ ]

答 □ 毫升

2. 小华的班上有 36 人。每人分得 3 张红色彩纸和 5 张蓝色彩纸。

请问 6 人一共分得多少张彩纸？

算式 [ ]

答 □ 张

解答和说明

1. 这个题目里出现了“1 瓶多一点”，这是和解题无关的数字，所以不要被迷惑了。把 8 人所喝的果汁容量加上剩余的果汁容量，就可求得原有的果汁容量。

$300 \times 8=2400$　$2400+600=3000$（毫升）

答：原来一共有 3000 毫升的果汁。

2. 这题共有 2 种计算方法。

（1）先计算 1 人分得的彩纸数，再乘倍数。1 人分得的彩纸数是 $3+5=8$（张），8 张的 36 倍等于 $8 \times 36=288$（张）。

答：一共分得 288 张彩纸。

3. 袜子每双原本的售价为 20 元，大减价时每双袜子便宜 9 元，小英在大减价时买了 8 双袜子。

请问小英一共要付多少元钱？

4. 路旁种了 11 棵树，每棵距离为 6 米。

请问第一棵树和最后一棵树的距离为多少米？

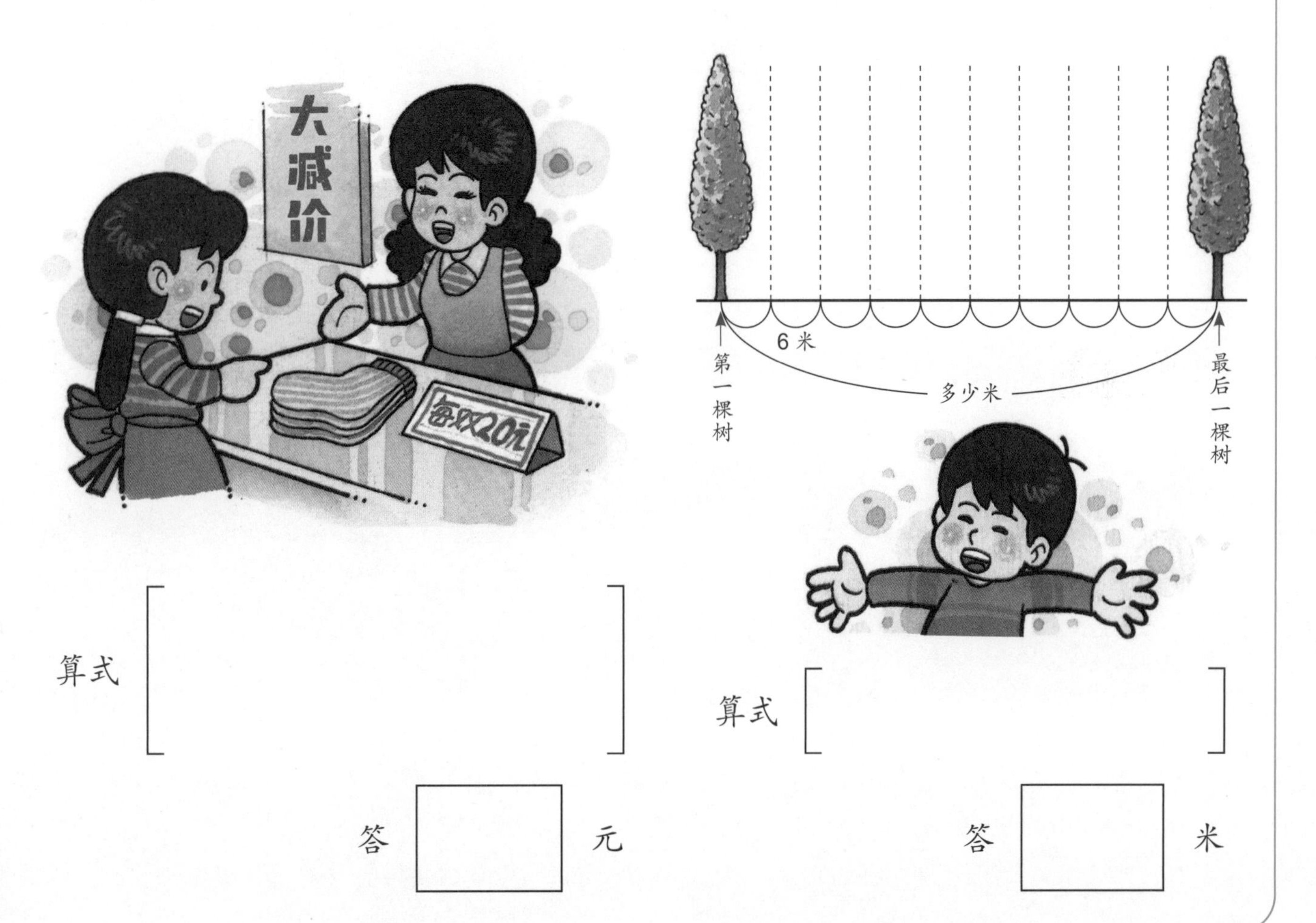

算式

答 元

算式

答 米

（2）把红色纸和蓝色纸的数量分开计算。

3×36=108 5×36=180

108+180=288（张）

3. 先计算减价后每双的价钱，20−9=11（元）；再求 8 双袜子的全部价钱。11×8=88（元）

答：小英一共要付 88 元。

先计算 8 双袜子原来的价钱（8×20=160），再减去 8 双袜子的全部减价（9×8=72）也能求得答案，即 160−72=88（元）。

4. 11 棵树中间的间隔是 11−1=10（个），共有 10 个间隔。每个间隔的距离是 6 米，所以 6×10=60（米）。

答：第一棵树和最后一棵树的距离为 60 米。

除法的基础

各式各样的分法

同等份　平均分

遭遇海难的轮船沉没了。劫后余生的6个人共乘一艘救生艇，在广阔的海洋中漂流。

日子一天一天地过去，食物越来越少。

要如何平分艇上的食物来维持生命呢？

● **用乘法来想 24÷6**

1人份　人数

□ × 6 = 24

这样想的话，会变成什么呢？

学习重点

①除法是分成同等份时，计算每一等份的方法。
②除法是分成相同的数时，算出每个数的方法。

$24 \div 6=4$ 的计算方法，称为除法，读成“二十四除以六”。算式中数的关系为：

$$24 \div 6 = 4$$

24 → 被除数　6 → 除数　4 → 答案

可以利用乘法口诀来计算。

● 比一比：算式的不同

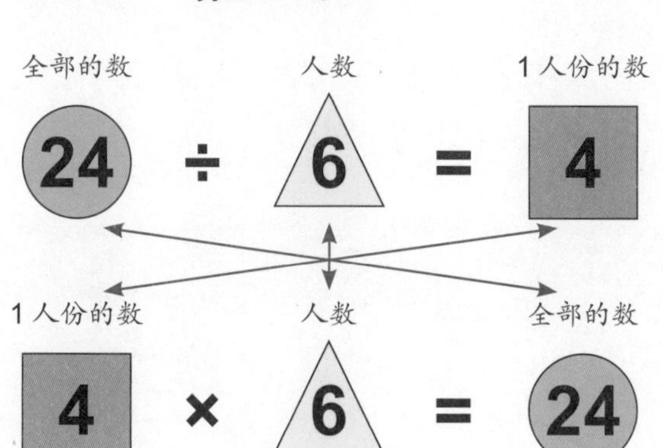

计算除法时，利用乘法口诀很容易就可以得到答案啦！

2×1=2	3×1
2×2=4	3×2
2×3=6	3×3
2×4=8	3×4
2×5=10	3×5

同数量分一分

探险队的队员们在丛林中发现了一个装满钻石的宝盒。宝盒内一共有24颗美丽的钻石，探险队的队长想要把这些钻石分给队员，每个人可以分到3颗钻石。

那么，你知道一共可以分给几个队员吗？

将24颗钻石每3颗分给一个人，写成：

$$24 \div 3$$

几个人可以分得到呢？可以用 $24 \div 3$ 的除法计算。

◆ 将上述的计算用乘法的算法想一想

$24 \div 3 \rightarrow \square$

$$3 \times \square = 24$$

用乘法来想的话，运用乘法口诀，就可以立刻算出答案。

3要乘多少，才会等于24呢？请利用乘法口诀想一想。

三八……二十四

因此，□内的数为8。每个人分到3颗钻石，则可以分给8个人。

探险队的队员们开始将钻石每3颗1组排列好，分给每一个人。

所以，分给1个人之后，剩下的钻石数量为：24–3（颗）

分给第2个人之后，剩下的钻石数量为：24–3–3（颗）

分给第3个人之后，剩下的钻石数量为：24–3–3–3（颗）

分给第4个人之后，剩下的钻石数量为：24–3–3–3–3（颗）

分给第5个人之后，剩下的钻石数量为：24–3–3–3–3–3（颗）

一直分到第6人、第7人、第8人的时候，钻石全部被分完了。

算式为：

24–3–3–3–3–3–3–3–3=0（颗）。

减8次得0，说明可以分给8个人。

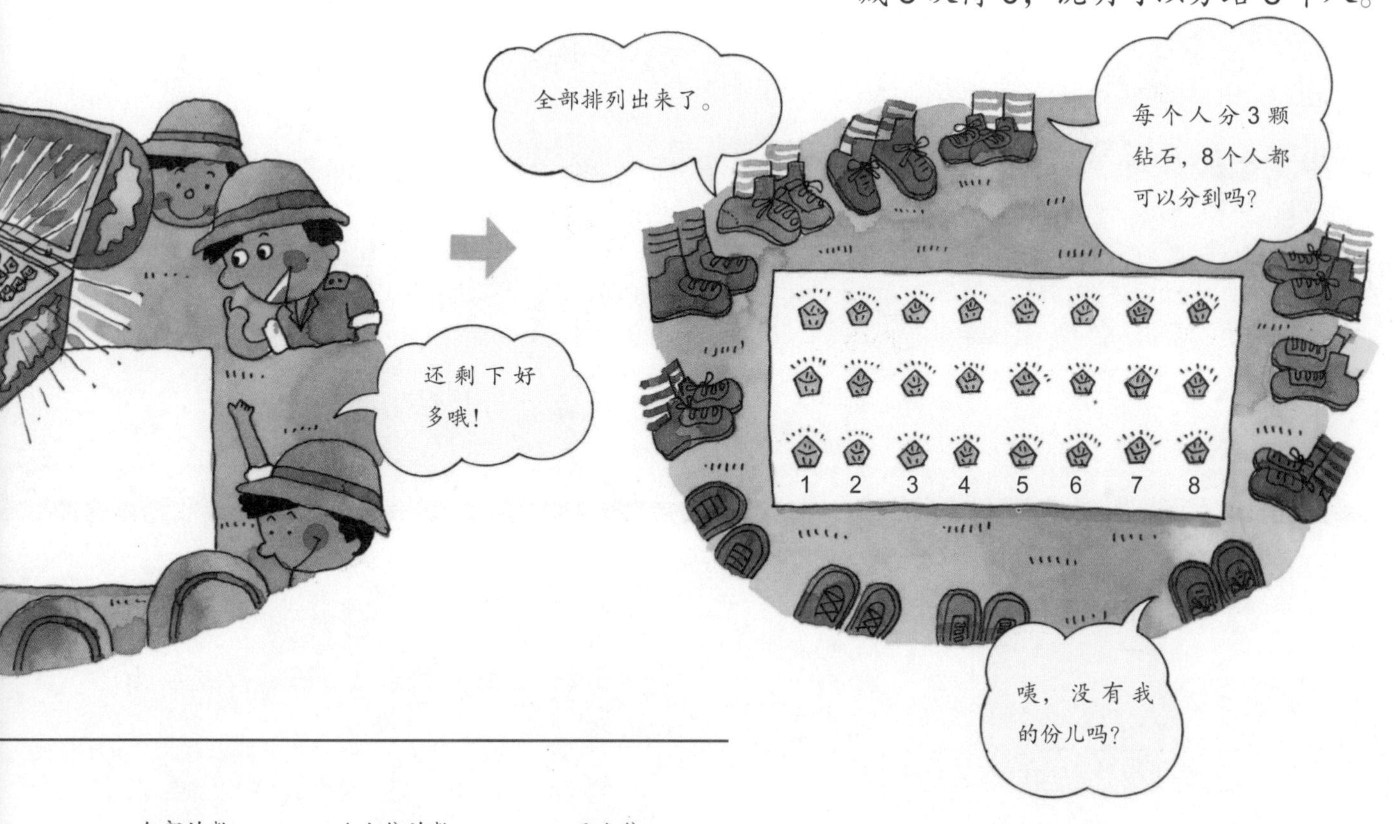

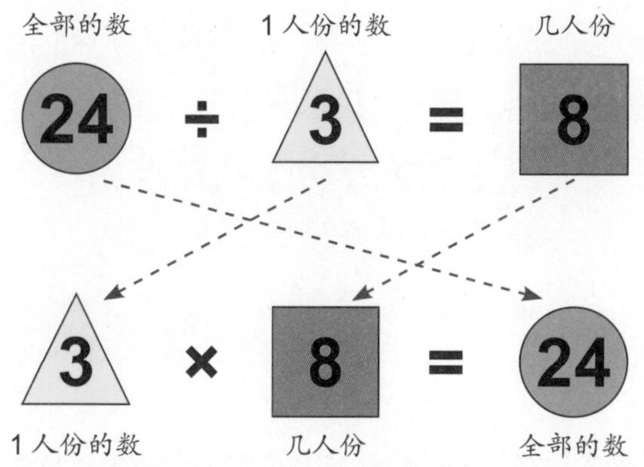

整　理

除法就是求将总量平均分的时候，可分成的份数，或是求出1份是多少的计算方法。可以利用乘法口诀计算。

● **除法的相关问题**

①乘法的算式

◆ 24 个苹果分给 6 个人，每人可分到多少的计算方法，用乘法的规则来考虑，可以得到下列算式。

◆ 24 个苹果每人可分到 3 个，可分给几个人的计算方法，利用乘法的规则来考虑，则可以得到下列算式。

3 × △ = 24

1 人份的数　分的人数　全部的数

②除法的算式

平均分配时，1 个人可以分到多少的计算方法。

24 ÷ 6 = □

被除数（全部的数）　除数（分的人数）　商（1 人份的数）

平均分配时，可以分给几个人的计算方法。

24 ÷ 3 = △

被除数（全部的数）　除数（1 人份的数）　商（分的人数）

两者皆为除法算式。

用乘法口诀表计算除法

5 × 3 = 15

乘数

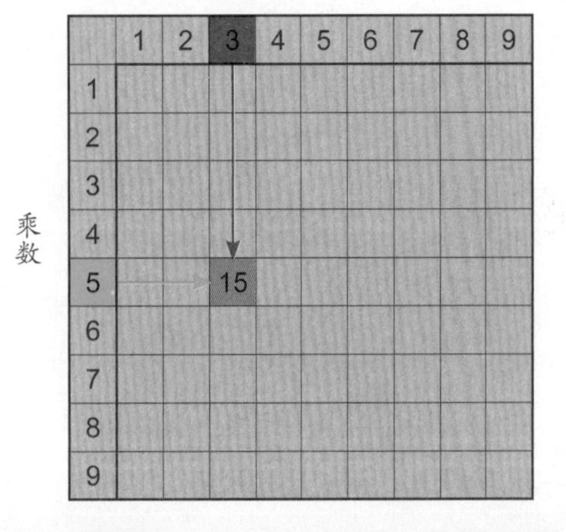

如右图所示，以特殊的方式利用左图所示的乘法口诀表，可以很快求出除法的商。

例如，计算 20÷4=□中，要求算出□内的数，只要利用直角尺，将被除数 20 和除数 4 找出来，固定于直角尺上，再沿着直角尺向上找出绿色栏上的数字，就是本题的答案。

答案：5。

③计算的方法

除法，就是除数乘多少会变成被除数的计算方法。

所以除法也称为与乘法相反的计算方法。

□ × △6 = ○24
○24 ÷ △6 = □

□3 × △ = ○24
○24 ÷ □3 = △

④除法与乘法的关系

用数字写出乘法和除法的算式，找出相关的道理。

□4 × △6 = ○24

右边这个箭头指着6

24 ÷ △6 = □4　　24 ÷ □4 = △6

请仔细注意以上两个除式。求□的数时，需利用△的乘法口诀来计算，求△的数需利用□的乘法口诀来求得。

总之，任何除法都可以用与乘法相反的思考方法。

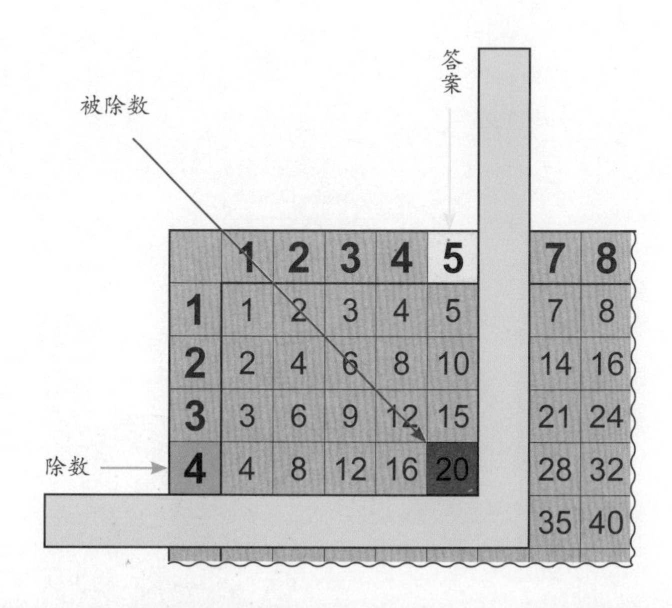

综合测验

①72÷8
②45÷5
③42÷6
④63÷7
⑤28÷4
⑥56÷7
⑦40÷5
⑧48÷8
⑨54÷9
⑩24÷3
⑪30÷6
⑫36÷4
⑬81÷9
⑭64÷8

综合测验答案：①9；②9；③7；④9；⑤7；⑥8；⑦8；⑧6；⑨6；⑩8；⑪5；⑫9；⑬9；⑭8。

除法的练习

有余数的除法

动物园有20只小猴子。天黑了，管理员大马先生想把它们平均分进3个房子里住。你知道怎么分吗？用除法想一想。

写成除法的算式为：

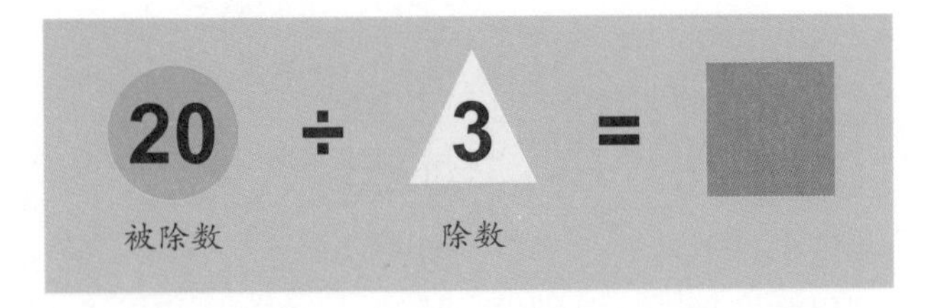

用除法该怎样计算呢？利用乘法口诀，找出最接近20的算式来。

乘法的算式为：

 × 3 = 20

用乘法口诀找出答案。

一三得3	三五 15
二三得6	三六 18
三三得9	三七 21
三四 12	三八 24

但是，乘法口诀表中并没有刚好答案为20的算式。

动物园的管理员大马先生该怎么办呢？

三六 18

这个算式和 20 比少了 2。

三七 21

这个算式比 20 多了 1。

这个多出来的 1，我们就称为“余数”。

所以，20÷3 的答案为：

$20\div3=6$ 余 2

余数必须小于除数。20÷3 的除数为 3，余数为 2，是正确的除法。

也就是每个房子分别住进 6 只猴子，但还剩下 2 只留在外面。

学习重点

①有余数的除法的计算方法。
②大数的除法的计算方法。
③除法笔算的方法。

将上述题目写成算式为：

$3\times6<20$　$3\times7>20$

↓

$3\times6=18<20$

18 和 20 相差 2。

2 称为余数。

余数 $<$ **除数**

余数 2 小于除数 3。那么，3×7 的情形呢？

$3\times7=21>20$

3×7 所得的积大于 20，所以是错误。通过验算可以知道算式是否正确。

$6\times3=18\longrightarrow18+2=20$

答案正确。

整　理

像 24÷6 这类的除法计算，称为整除（可以除尽的除法）。而像 20÷3=6 余 2 这类的除法计算，称为不能整除（无法除尽的除法），也叫有余数除法。不能整除的除法计算，一定有余数，而此余数，必然小于除数。

大数的除法

想 60÷3、320÷8、4000÷8 这类大数的除法，该如何计算？

目前为止所学的除法，都是把除法当成和乘法相反的计算方法。

60÷3 也一样可以用乘法口诀求出答案吗？

好像不能用乘法口诀算哦！这次，让我们用钱的方式来想一想。

60 元要平分给 3 个人的话，1 个人可以分到多少元钱？

把 60 元换成 6 张 10 元纸币，可以得到：

6 ÷ 3 = □ 的算式。

6÷3 就可以用乘法口诀计算，求出商为 **2**。

把原来拿掉的“0”再放回去：

60 ÷ 3 = □

去掉末位上的 0，数就变成了原来的 $\frac{1}{10}$，所以商也会变成原来的 $\frac{1}{10}$。最后必须还原 10 倍（把拿掉的 0 放回来），得到的商为 20。

60 ÷ 3 = 20

②

$320 \div 8 = \square$

③

$4000 \div 8 = \square$

②的计算能不能先拿掉0再计算呢？

$320 \div 8$

↓

$32 \div 8$

③应该拿掉几个0呢？拿掉3个0后，就变成4÷8了！

$4000 \div 8$

?

第②题非常简单。

把0拿掉后，数变成原来的$\frac{1}{10}$，再用乘法口诀，马上可以求出商。

$32 \div 8 = \blacksquare$

↓

$\blacksquare \times 8 = 32$

商等于4。但是，别忘了为了计算方便而变成了原来的$\frac{1}{10}$的被除数哦！

$$4\times10=40$$

必须如上所写，将商乘10倍。

③把4000元以1000元一份来分，分成4份，但是4不能整除8，不方便。

如果把4000以100元一份来分，则分成40份。40÷8可以整除。

$$40\div8=5$$

所以，如果只想着拿掉0，而不考虑被除数能不能被除是不聪明的。

$$5\times100=500$$

所以：

$$4000\div8=500$$

整　理

遇到大数的除法时，可以先将被除数变成原来的$\frac{1}{10}$或$\frac{1}{100}$再计算，比较简单。但是，需特别注意商必须还原为原来的倍数。

除法的笔算

国王为了奖赏建国有功的3位大臣，特别准备了宝物要颁赠给他们。

在大臣们面前的宝袋里一共装了72颗价值连城的宝石。

国王想把宝石平均分给这3位大臣，你知道应该怎么分吗？

◉ 72÷3的计算

72颗宝石分给3个人，则算式写成72÷3。

目前所学的计算方法是利用3的乘法口诀求出商。但是，3的乘法口诀没有72这么大的数。想一想，该怎么计算比较好呢？

是不是可以像60÷3一样，把被除数变成几分之一来计算呢？

这次不能利用60÷3的方法。

于是，3个人又另想其他办法。

十位	个位
7	2
只计算十位上的数的话： **7÷3=2** 余 1	个位上的数无法计算，但是，如果和十位上的数合起来的话……
	12÷3 则可以计算。 **12÷3=4**
十位上的数的商等于 **2**	个位上的数的商等于 **4**
72÷3=24	

- **笔算 72÷3 的方法**

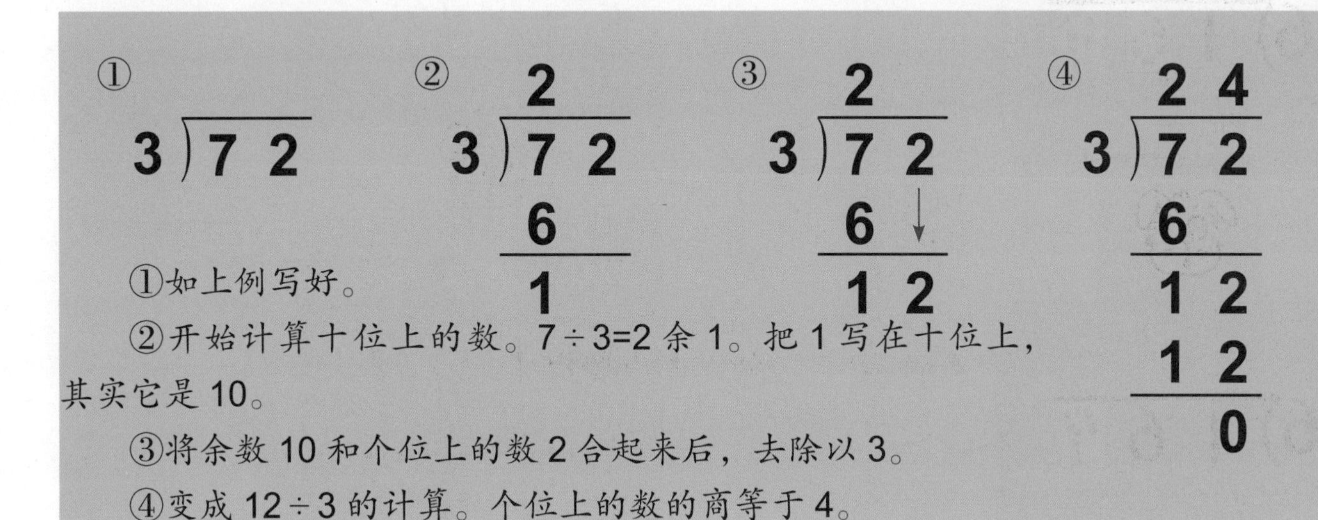

①如上例写好。

②开始计算十位上的数。7÷3=2 余 1。把 1 写在十位上，其实它是 10。

③将余数 10 和个位上的数 2 合起来后，去除以 3。

④变成 12÷3 的计算。个位上的数的商等于 4。

◉ 算一算 169÷6

笔算练习 169÷6 的大数除法。

再找一次小于49的乘法口诀，然后将得数减掉。

六五 30	比49小
六六 36	比49小
六七 42	比49小
六八 48	比49小
六九 54	比49大

$$\begin{array}{r} 2\boxed{8} \\ 6\overline{)169} \\ 12 \\ \hline 49 \end{array}$$

商数8的话，得数比49小，可以乘。

6×8

$$\begin{array}{r} 28 \\ 6\overline{)169} \\ 12 \\ \hline 49 \\ \boxed{48} \end{array}$$

乘8之后，再减掉得数，答案就出来了。

49−48

$$\begin{array}{r} \boxed{28} \\ 6\overline{)169} \\ 12 \\ \hline 49 \\ 48 \\ \hline 余\ \boxed{1} \end{array}$$

169÷6=28 余 1

计算完毕。答案对不对呢？验算看一看吧！

可以用乘法来验算除法的结果是否正确吗？

用商乘除数，再加余数，答案等于被除数的话，计算就是正确的。

$$\begin{array}{r} 28 \\ \times\ \ 6 \\ \hline 168 \end{array} \rightarrow 余\ 1$$

168+1=169

用乘法验算结果时，千万别忘记加上余数。

整　理

除法算出的结果，可以用“商 × 除数”的乘法来验算。

◉ 商带有 0 的除法笔算练习

$$4\overline{)816}$$

①首先从百位上的数开始计算。

$$\begin{array}{r} 2 \\ 4\overline{)816} \\ \underline{8} \end{array}$$

②接着计算十位上的数。

$$\begin{array}{r} 20 \\ 4\overline{)816} \\ 8 \end{array}$$

1 不能被 4 除，所以在商的十位上写下 0。

③将十位上的数 1 和个位上的数合起来除。

$$\begin{array}{r} 204 \\ 4\overline{)816} \\ \underline{8} \\ 16 \\ \underline{16} \\ 0 \end{array}$$

将十位上不够被 4 除的 1 和个位上的数 6 合起来，变成 16÷4。

$$3\overline{)1509}$$

①从千位上的数开始计算。

$$\begin{array}{r} 5 \\ 3\overline{)1509} \\ \underline{15} \end{array}$$

千位上的数 1 不够被 3 除。千位上的数和百位上的数 15 能被 3 除，将商写在百位上。

②接着计算十位上的数。

$$\begin{array}{r} 50 \\ 3\overline{)1509} \\ \underline{15} \end{array}$$

十位上的被除数是 0，所以直接在十位上写 0。

③最后计算个位上的数。

$$\begin{array}{r} 503 \\ 3\overline{)1509} \\ \underline{15} \\ 9 \\ \underline{9} \\ 0 \end{array}$$

正好能整除。

9）721

①百位上的数 7 不够被 9 除。百位上的数和十位上的数为 72，可以被 9 除。

```
    8
9）721
   72
  ----
```

②接着计算个位上的数。

```
    80
9）721
   72
  ----
     1
```

个位上的数 1 不够被 9 除，所以直接在个位上写 0。1 就是余数。

商为 80 余 1。

3）9018

①先计算千位上的数。

```
   3
3）9018
   9
  -----
```

②接着计算百位上的数、十位上的数。

```
   300
3）9018
   9
  -----
```

百位上的数为 0，商写 0。十位上的数 1 不够被 3 除，所以也写 0。

③最后计算个位上的数。

```
   3006
3）9018
   9
  -----
     18
     18
    ---
      0
```

整　理

除法笔算时，不够除的都直接在该数位上写 0 就可以。

乘法和除法的关系

乘法和除法有什么关系呢?

你好!我是乘法。我把很多个同样的数全部排列出来。

我的工作是:

1份的量 × 多少份

= 总数量

除法小姐的工作正好与我相反。

15×5=75

你好,我是除法。我可以把1个数分成好几个相同的数,并找出这个数是多少。

对于整数来说,除法的商变小了,因此和得数变大的乘法正好相反。

我不但能把全部的数分成好几份同样的数,也可以算出一份的数量。也就是:

$\square \times 4=28 \rightarrow 28 \div 4=7$

$8 \times \square =72 \rightarrow 72 \div 8=9$

75÷5=15

※ 乘法可以用交换乘数位置的乘法验算自己的得数是否正确。

5×4=20 → 4×5=20

但是，无论乘法或除法，都可以用乘法口诀求出得数，因此他们也是亲密的好朋友。

※ 除法却必须用乘法才能验算自己的得数。

192÷8=24 → 24×8=192

同时，加法先生和减法小姐也加入好朋友的行列了。

乘法先生，你只能集合相同的数，却不能将不同的数集合起来，对不对？例如 54+78=132，只有我加法才能办到。

对啊！我的工作就是将许多个相同的数集合起来呀。
48+48+48+48=48×4

从一个数中拿走若干个不同的数，就是减法哟。
542−186=356

但是，能够把所有相同的数重复拿走的是我除法呢。
47−7−7−7−7−7−7−5=0
47÷7=6 余 5

整　理

乘法用于将数加倍。除法则与乘法相反，用于将数分开并计算分开的数的大小或分得的份数。

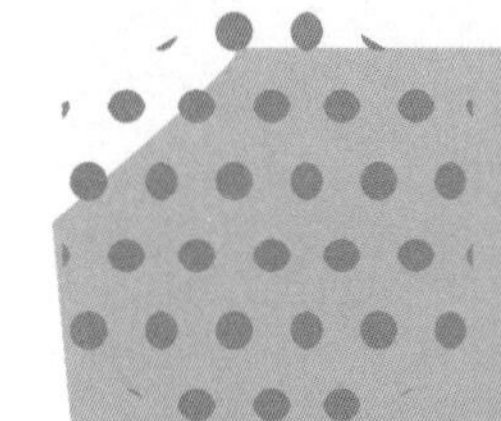

巩固与拓展

整　理

1. 除法

（1）什么时候使用除法？

①有 18 米长的带子，3 人平分，每人可分得多少米？

18÷3=6（米）

答：每人可分得 6 米。

② 18 米长的带子，切成数段，每段 3 米，可以切成多少段？

18÷3=6（段）

答：可以切成 6 段。

（2）除数和被除数相同时，商是 1。

（3）0 除以任何数，商都是 0。

试一试，来做题。

1. 小明和同学把竹签排成许多不同的形状。每人各有 24 根一样长的竹签。下面是每个人排的形状，如果每个人都把 24 根竹签用完，各能排成几个图形呢？

（4）任何数除以 1，商都和被除数相同。

2. 有余数的除法

（1）余数一定比除数小。

14÷3=4 余 2

（2）由题目了解余数的意义。

3. 大数的除法

（1）例如，60÷3 或 320÷8 的被除数可以当作几个 10，所以计算方法和 6÷3 或 32÷8 相同。

（2）320÷80 的商和 32÷8 的商相同。

4. 笔算

除法是从最左边的数位按照顺序一个数位接一个数位地往个位计算。

```
    1            12           12
7 ) 84   ➡  7 ) 84   ➡  7 ) 84
    7            7            7
    1            14           14
                              14
                               0
```

---

① 24 根竹签可以排成几个像小明摆的这样的图形？

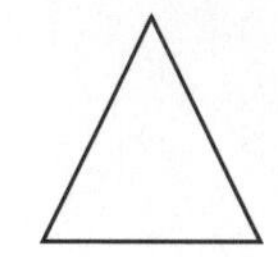

算式［　　　　　　　　］　答 □ 个

② 24 根竹签可以排成几个像小英摆的这样的图形？

算式［　　　　　　　　］　答 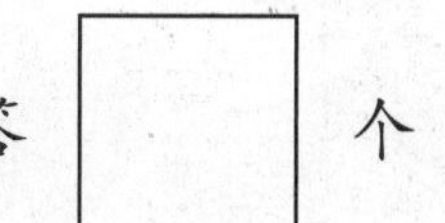 个

③ 24 根竹签可以排成几个像小华摆的这样的图形？

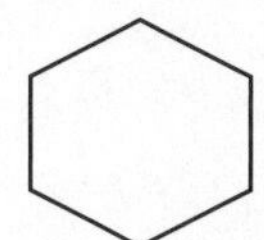

算式［　　　　　　　　］　答 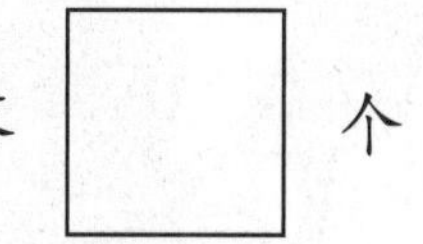 个

④ 24 根竹签可以排成几个像小玉摆的这样的图形？

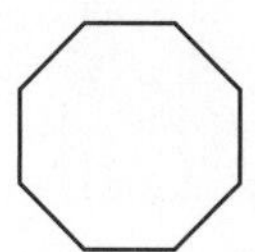

算式［　　　　　　　　］　答 □ 个

答案：① 24÷3=8，8；② 24÷4=6，6；③ 24÷6=4，4；④ 24÷8=3，3。

2. 这是一家餐厅。
请试着回答下面的问题。

①餐厅里来了24位客人，1张桌子坐6位客人，需要几张这样的桌子？

算式［　　　　　　］

答□张

②左边的桌子有5人正在喝果汁。

1瓶果汁的容量为1升，也就是1000毫升，倒进5个杯子给5人平分。

每1杯的果汁容量是多少毫升？

算式［　　　　　　］

答□毫升

答案：2. ① 24÷6=4，4；② 1000÷5=200，200。

③服务生送来了 1 盘草莓，6 个人平分，每人分到 7 颗草莓的话会少 2 颗草莓。

一共有多少颗草莓?

算式［　　　　］　答 ☐ 颗

④全家人吃了 1 个汉堡和 3 份快餐，共付了 110 元。

每个汉堡的价钱是 20 元。

1 份快餐的价钱是多少元钱?

算式［　　　　］　答 ☐ 元

答案：③ $6\times7=42$，$42-2=40$，40；④ $110-20=90$，$90\div3=30$，30。

解题训练

■ 倍数的练习。

1

下图排着5个大小相同的圆圈。

连接圆心的直线（①到②）长48厘米。每个圆的半径（即图中红线那样长的一段）是多少厘米？

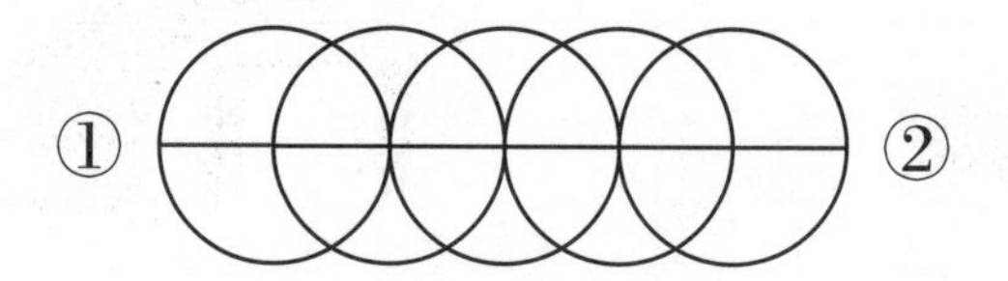

◀ 提示 ▶

算一算，①到②之间共有几个半径。

解法：一共有5个圆，因为有几个半径是互相重叠的，所以数一数就能确定①与②之间有6个半径。

半径的长度是48÷6=8（厘米）。

答：每个圆的半径是8厘米。

■ 相同大小的比较和数字的改变。

2

体育馆里排着长椅，每张长椅坐8个男生，总共坐满7张。如果每张长椅只坐7个男生，请问这些男生会坐满几张长椅？

◀ 提示 ▶

男生的总人数不变。

解法：先计算男生的总人数。

8×7=56　男生的全部人数是56人。

下面的算式是指56人分坐数张长椅，每张长椅坐7人。7×□=56（人），求□的算式为：56÷7=8（张）。

答：这些男生会坐满8张长椅。

■ 被除数比○倍少△。

3 一共有 53 张图画纸。老师打算把这些图画纸平分给 8 个女生，结果还少 3 张。老师打算分给每个女生几张图画纸？

◀ 提示 ▶

把□当作每人分得的图画纸数量。

解法：把□当作每人分得的图画纸数量。8 人平分共需 53+3（张）的图画纸。□ ×8=53+3，所以，56÷8=7（张），老师原本打算分给每人 7 张图画纸。

答：老师原本打算分给每个女生 7 张图画纸。

■ 被除数比○倍多△。

4 把 13 升的油倒入油桶里，再把这些油装入容量 900 毫升的瓶子，结果油桶里还剩余 400 毫升的油。算一算，总共装了多少瓶？

◀ 提示 ▶

把 13 升换算成毫升。

把容量 900 毫升的瓶子数量当作□。

解法：把□当作容量 900 毫升的瓶子数量。900× □ =13000−400（13 升 =13000 毫升），900× □ =12600，利用下面的算式也可求得容量 900 毫升的瓶子数量。12600÷900=14（瓶）。

验算：900×14=12600。

答：总共装了 14 瓶。

■ 先求出除数，再计算除法。

4

带子长 160 厘米，小英在上面排了 9 颗扣子，每颗扣子中间的间隔一样。算一算，扣子与扣子之间的间隔是多少厘米？

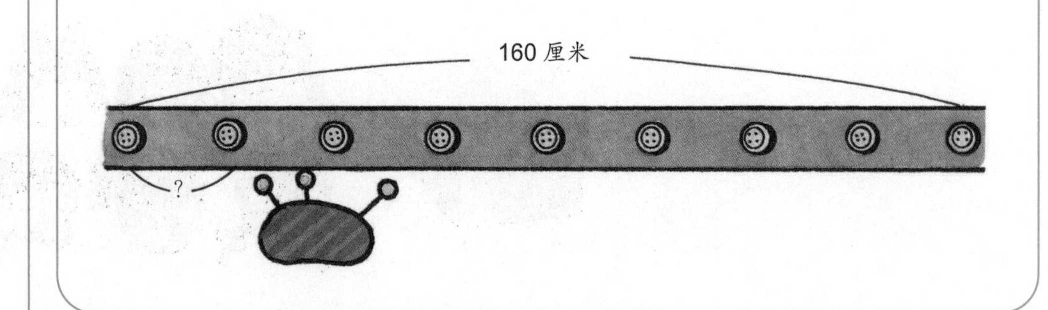

◀ 提示 ▶
想一想，间隔的长度和扣子数目之间有什么关系？

解法：

2 颗扣子　　间隔数是 1

3 颗扣子　　间隔数是 2

4 颗扣子　　间隔数是 3

一共有 9 颗扣子，所以间隔数是 9–1=8。

160÷8=20（厘米）

答：扣子与扣子之间的间隔是 20 厘米。

■ 先用乘法求出总数，再用除法计算问题。

5

有一笔钱，可以买 8 只杯子，每只杯子的价钱是 15 元。如果用这笔钱买盘子，可以买 5 个。

每个盘子多少元钱？

◀ 提示 ▶
先用乘法计算这笔钱的总数，总数是 15 元的 8 倍。

解法：15 元的杯子共有 8 只，所以钱的总数是 15×8=120，一共有 120 元。120 元可以买 5 个盘子，所以每个盘子的价钱是：

120÷5=24（元）

答：每个盘子 24 元。

```
    24
5 ) 120
    10
    ---
     20
     20
    ---
      0
```

■ 利用2组计算方法求出得数。

6

有28块蛋糕和10个盘子，如果每个盘子摆4块蛋糕，会有几个盘子是空的？

◀ 提示 ▶

想一想，先做什么计算再做什么计算就可以求出空盘子数。

解法：先想一想，总共有10个盘子，用了几个盘子？然后再计算空的盘子个数。

$28 \div 4=7$（个）

$10-7=3$（个）

答：有3个盘子是空的。

■ 用简单的数代替复杂的数，再找出计算的规则来解题。

7

小玉在长14米、宽10米的长方形花圃四周和四个角落立下许多铁柱，铁柱和铁柱之间的间隔都是2米。

花圃的四周一共有多少根铁柱？

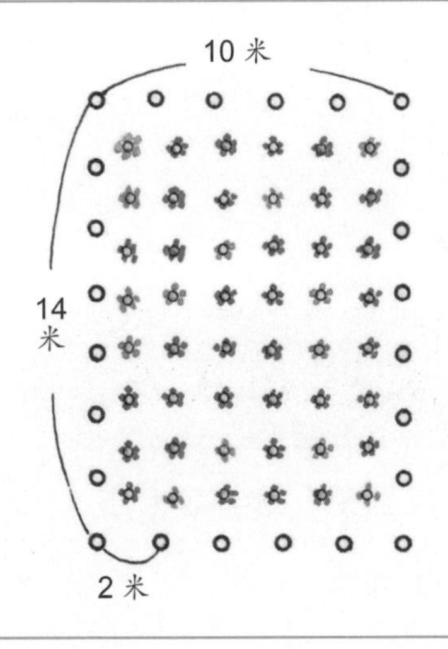

◀ 提示 ▶

先假设有1个每边长为4米的正方形。想一想，这个正方形的周长、铁柱的数目和铁柱之间距离的关系。

解法：注意题目的内容，把题目变换成简单的形式。右图所示的正方形每边长为4米，需要8根铁柱。这是把正方形的周长16米除以2米所求得的得数。用同样的方法计算：

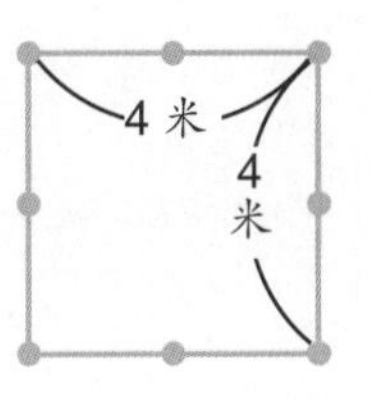

$14+10=24$（米） $24 \times 2=48$（米） $48 \div 2=24$（根）

答：花圃的四周一共有24根铁柱。

加强练习

1. 有280名小学生参加运动会，每6人为1组进行赛跑。但无法每组全都是6人，因此有些组是5人1组，但5人1组的越少越好。请问一共可分几组？

算式［　　　　　　　　］

答［　　］组

2. 小明带100元到文具店买文具，他买了5本笔记本和40元的颜料，找回了20元。

1本笔记本是多少元钱？

算式［　　　　　　　　］

答［　　］元

解答和说明

1. 280÷6=46（组）余4

每组6人的话，分成46组后还余4人。若把这4人变成5人，必须由6人的某1组里选1个人加入，所以5人的组最后变成2组。本题用到了调整的策略。

6人的组是46−1=45（组）。

答：6人的组有45组，5人的组有2组。

2. 文具的全部价钱是：100−20=80（元）。

80元是5本笔记本和40元画图颜料价钱的总和。5本笔记本的价钱是80−40=40（元），40等于每本笔记本价钱的5倍。

40÷5=8（元）　　答：1个笔记本是8元。

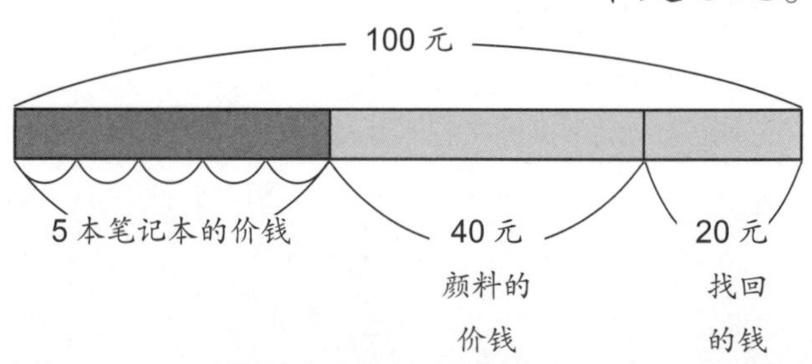

3. 有 1 本练习簿，每天写 40 页，10 天可以全部写完。

①若要在 20 天写完，每天需要写多少页？

算式［　　　　　　　　　］

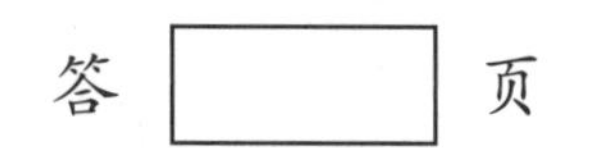

答 ☐ 页

②如果要在 12 天写完，前 4 天每天写 20 页，那么后面 8 天每天必须写多少页？

算式［　　　　　　　　　］

答 ☐ 页

4. 妈妈拿出 500 元，分给小英和姐姐。

姐姐比小英多得了 50 元，小英分得多少元？

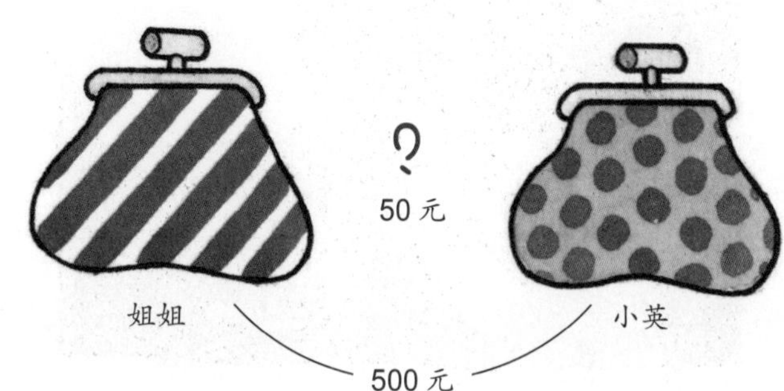

算式［　　　　　　　　　］

答 ☐ 元

3. 先计算练习簿的全部页数，$40\times10=400$（页），共有 400 页。

①（全部的页数）÷（天数）

$400\div20=20$（页）

答：每天需要写 20 页。

②

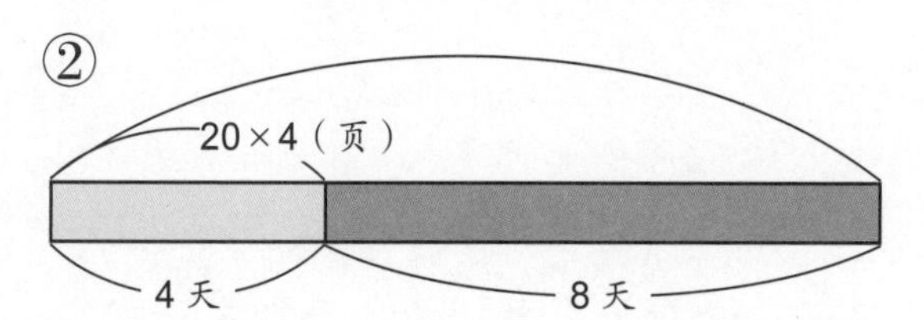

$20\times4=80$（页）　$400-80=320$（页）

$320\div8=40$（页）

答：后面 8 天每天必须写 40 页。

4. 由 2 人分用并不是由 2 人平分，如果写成 $500\div2$ 的话就错了。把全部的钱减去姐姐多得的钱，再把剩余的钱平分为 2 份，其中一份便是小英所分得的钱。

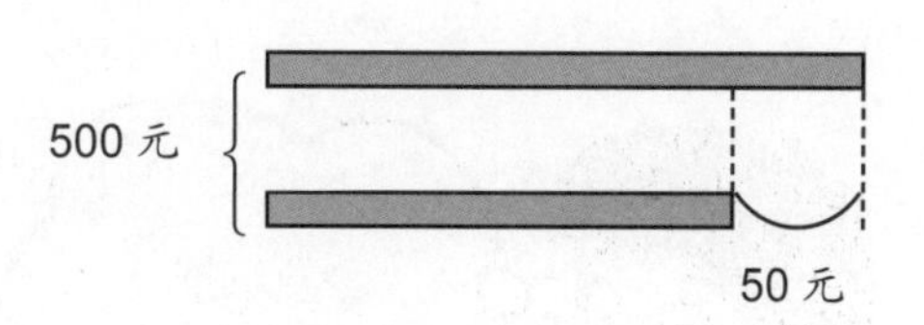

$500-50=450$（元）

$450\div2=225$（元）

答：小英分得 225 元。

数的智慧之源

加或乘都一样

小志在算乘法的时候，从旁边经过的小北一下子就说出了算式的得数。

其实，正在读一年级的小北根本还没学过乘法。

小志觉得很奇怪，但是仔细一想，就知道小北是把乘法的算式当成加法来计算了。

将乘法的计算用加法来计算，算出来的得数竟是一样的。于是小志便想将其他用乘法和加法计算而得数一样的算式找出来。

这个算式的得数也一样哦！

另外，他也发现了以下例子：

1+1+2+4=1×1×2×4

1+1+1+3+3=1×1×1×3×3

小志觉得非常有趣，因此更激发了他继续寻找数的顺序相同，但 +、−、×、÷ 的符号改变，而两者得数却完全相同的算式。

哈哈……

我知道了！

他又发现了以下例子：

4×2−1=4+2+1

6×2−2=6+2+2

8×2−3=8 ○ 2 ○ 3

10×2−4=10+2+4

8÷4+1=8 ○ 4 ○ 1

12÷6+2=12−6−2

你能写出○内的计算符号吗？

还有，按照数的顺序排列出来的算式：

1+2=3

56=7×8

12=3×4

你看到这些算式，是不是觉得很好玩呢？让我们来看一看上面的答案吧！

8×2−3=8+2+3

8÷4+1=8−4−1

步印童书馆

步印童书馆 编著

北京市数学特级教师 丁益祥
北京市数学特级教师 司梁
『卢说数学』主理人 卢声怡
联袂力荐

小牛顿数学分级读物

第三阶 2 分数与小数

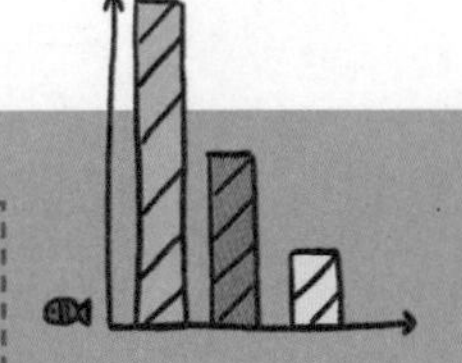

中国儿童的数学分级读物
培养有创造力的数学思维

讲透原理 → 系统进阶 → 思维转换

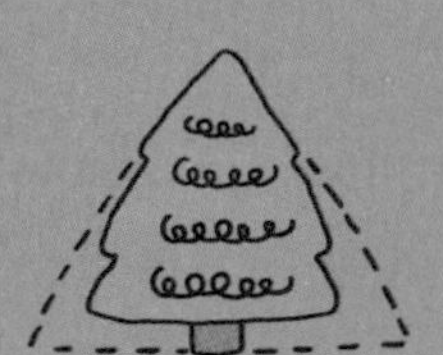

電子工業出版社
Publishing House of Electronics Industry
北京·BEIJING

图书在版编目（CIP）数据

小牛顿数学分级读物. 第三阶. 2, 分数与小数 / 步印童书馆编著. -- 北京 : 电子工业出版社, 2024.6
ISBN 978-7-121-47634-1
Ⅰ. ①小… Ⅱ. ①步… Ⅲ. ①数学－少儿读物 Ⅳ. ①O1-49
中国国家版本馆CIP数据核字(2024)第068415号

特别鸣谢本书组稿策划人郑利强先生。

责任编辑：赵　妍　季　萌
印　　刷：当纳利（广东）印务有限公司
装　　订：当纳利（广东）印务有限公司
出版发行：电子工业出版社
北京市海淀区万寿路173信箱　邮编：100036
开　　本：889×1194　1/16　印张：13.75　字数：276千字
版　　次：2024年6月第1版
印　　次：2024年6月第1次印刷
定　　价：80.00元（全4册）

凡所购买电子工业出版社图书有缺损问题，请向购买书店调换。若书店售缺，请与本社发行部联系，联系及邮购电话：（010）88254888，88258888。
质量投诉请发邮件至zlts@phei.com.cn，盗版侵权举报请发邮件至dbqq@phei.com.cn。
本书咨询联系方式：（010）88254161转1860，jimeng@phei.com.cn。

目录

分数的基础

分数的基础

把 1 加以分割

当我们要把一个物体，分成相同的若干份时，要如何来表示其中的一份或几份呢？

有一个很简便的表示方法。

把 1 块羊羹平均分成 2 块

小豪和小慧开始计算了。

妈妈拿来了一块羊羹，想要给两人分着吃。

如果想把这一块羊羹分成大小相同的两块，应该怎么办呢？

让我们一起想一想吧！

学习重点

①平均分后的大小和表示方法。
②用分数来表示长度或容量。

有很好的办法哦。首先制作一条和羊羹的长度相同的带子，然后把它对折成两半，利用对折后的长度，就可以来分羊羹了。

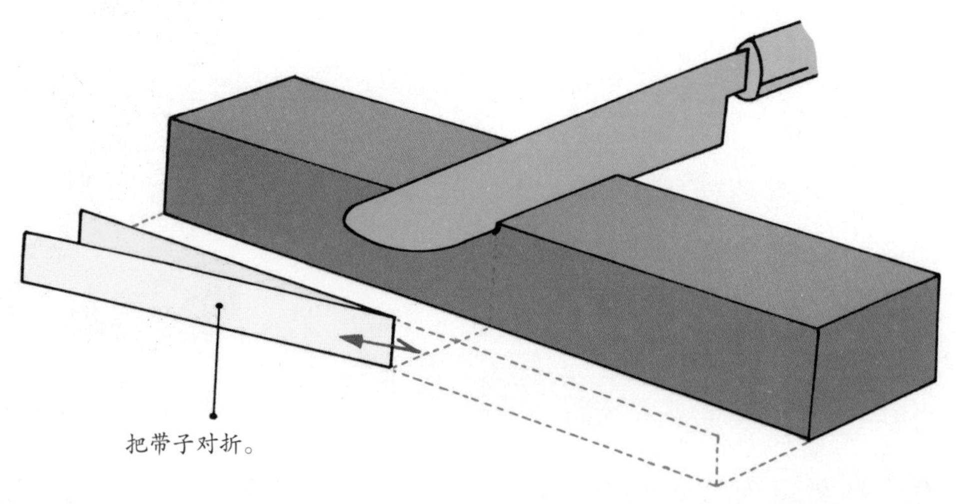

这样就可以平均分配了。

那么，分成大小相同的 2 块后，每一份的大小，该如何来表示呢？

刚好分成一半，因此可以叫作 1 块的 $\frac{1}{2}$。但是有没有其他更好的表示方法呢？

把原来大小平均分成相同大小的 2 份，其中一份的大小是原来大小的“二分之一”，写成 $\frac{1}{2}$。

因此一人份羊羹是 $\frac{1}{2}$ 块。

以下甲和乙所示的分割方法，可以分成相同大小的 2 份，因此每一份是 $\frac{1}{2}$。

但是下面丙和丁所示的分割方法，却不是分成一样多的 2 份，不是平均分，因此其中的一份不能用 $\frac{1}{2}$ 来表示。

甲

乙

丙

丁

● 把1米的带子分成4等份

小玲跟她的朋友们为了制作缎带，买来了一根1米长的带子。

如果把这条带子平均分给4个人，每一个人可以分得几米呢？

◆ 首先，把1米长的带子，分成长度相同的4等份。

把带子的两端对齐，对折成一半。于是，就把1米长的带子分成长度相同的2份了。

接下来，把对折成一半的带子再对折一次，展开来，1米长的带子就被分成长度相同的4等份了。

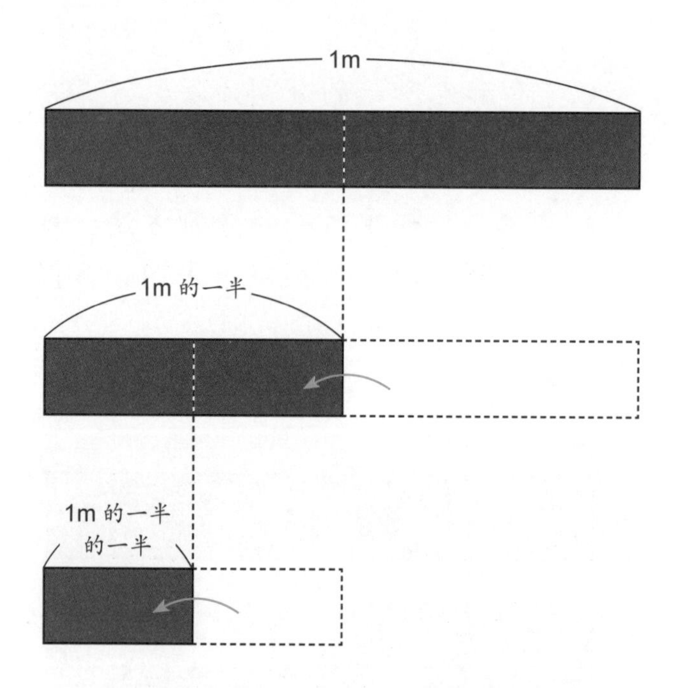

展开来，如下图。

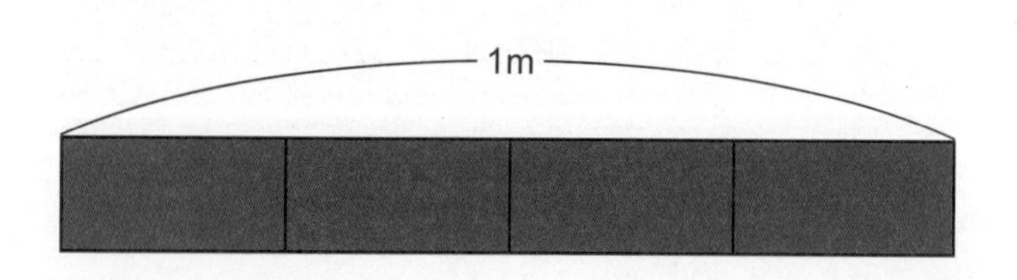

把1米长的带子分成2等份，其中的一份读作“二分之一米”，写作$\frac{1}{2}$米。

换句话说，1米的$\frac{1}{2}$是$\frac{1}{2}$米。

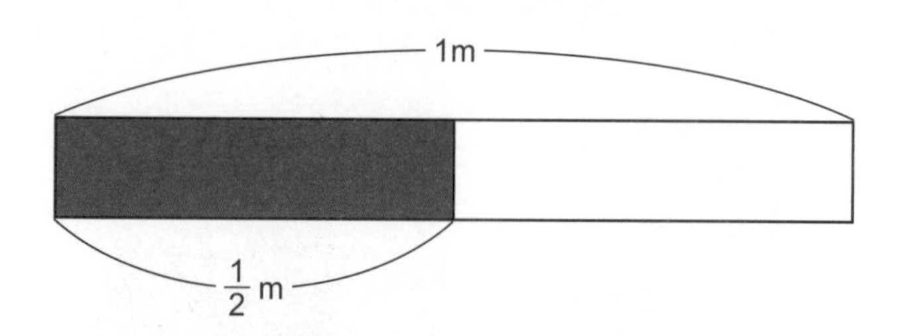

如果把1米分成4等份，其中的一份读作“四分之一米”，写作$\frac{1}{4}$米。

换句话说，1米的$\frac{1}{4}$就是$\frac{1}{4}$米。

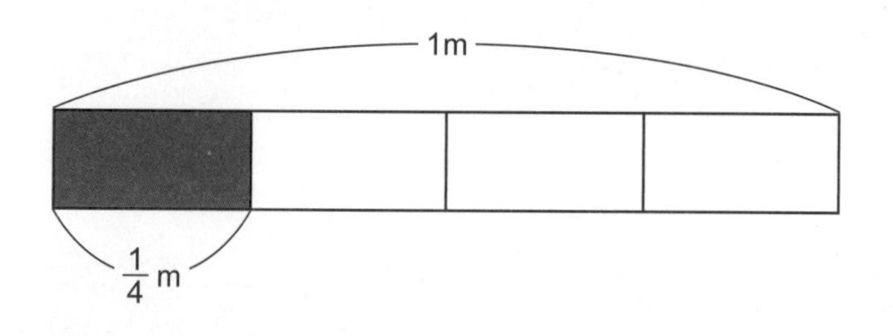

● 把 1 升的果汁分成 3 等份

小强他们要把 1 升的果汁，平分给 3 个人喝。

怎么做才能够分得刚刚好呢？

小强

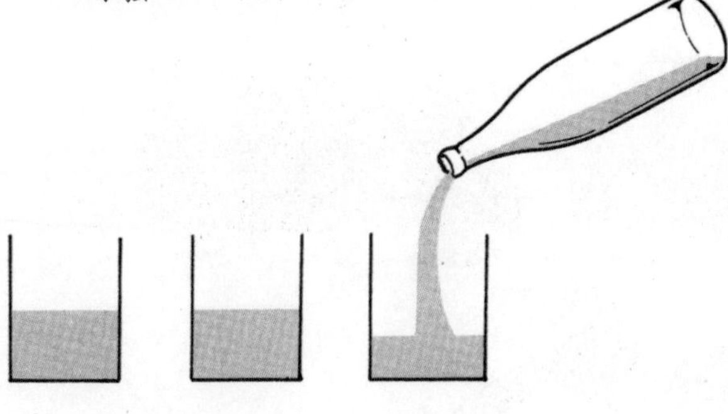

小美

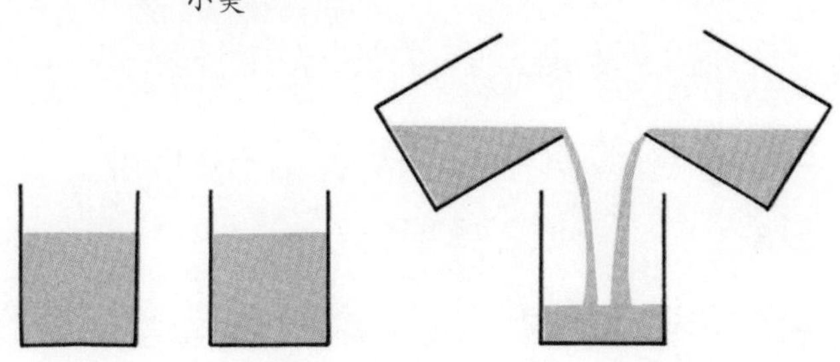

平平

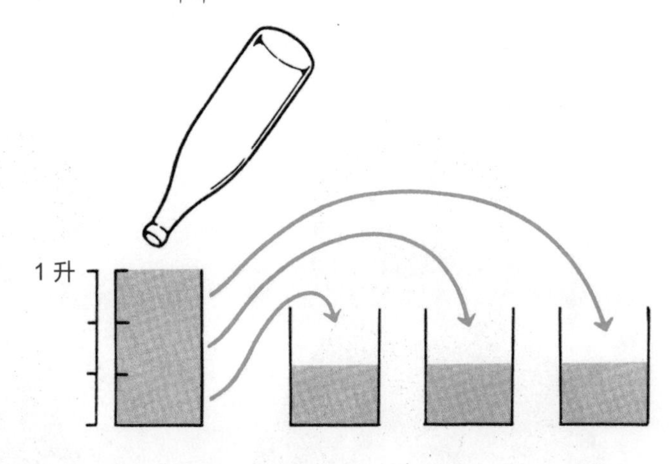

这几种方法，都可以恰当地分成 3 等份，但是，平平的分法又快又正确。

把 1 升的果汁，平均分配给 3 个人，每一个人所分得的果汁量就读作“三分之一升”，写作“$\frac{1}{3}$升”。

$\frac{1}{3}$升就是 1 升的$\frac{1}{3}$。

分母和分子

小强他们想利用空闲时间，制作娃娃的头带，因此准备了 1 米长的带子。

÷ 号和分数

当我们把 20 米长的带子平均分成 4 等份时，可以写成 20 ÷ 4。

这个除法的除号，和分数的写法非常类似。

÷ → 分子/分母

是的，除法和分数有着非常密切的关系。我们继续来学习，就会学到用分数来表示除法算式了。

把△ ÷ ○想成$\frac{\triangle}{\bigcirc}$来计算。

据说有些国家在列除法算式时，并不使用“÷”，而直接用分数来表示呢。

换句话说，我们可以直接把 20 ÷ 4=5 的算式，写成$\frac{20}{4}$=5 的形式，算式还变短了呢。

- **制作 1 顶头带，需要用掉几米的带子呢？**

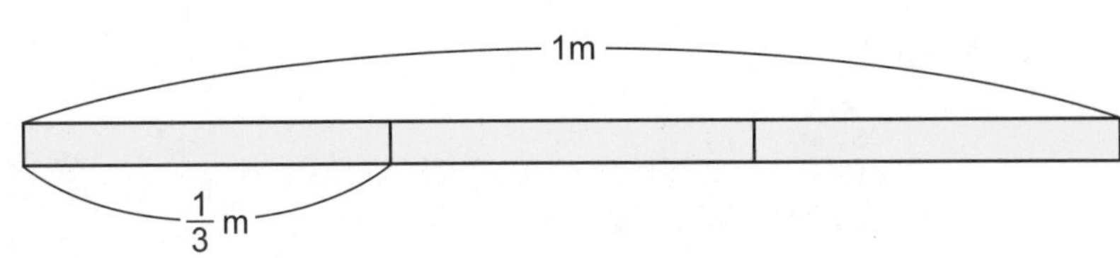

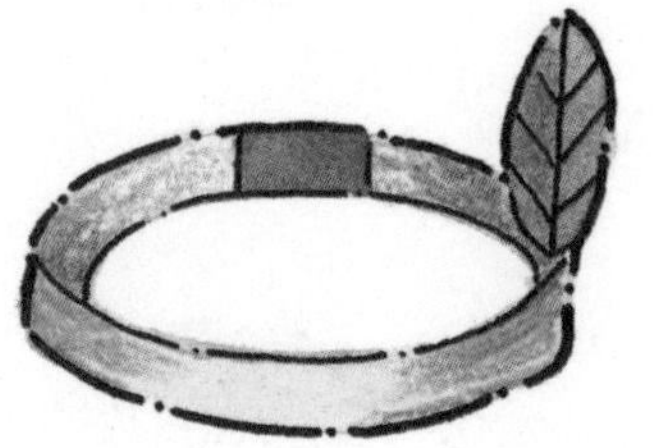

制作 1 顶头带，要使用$\frac{1}{3}$米的带子。

- **制作 2 顶头带，需要使用几米的带子呢？**

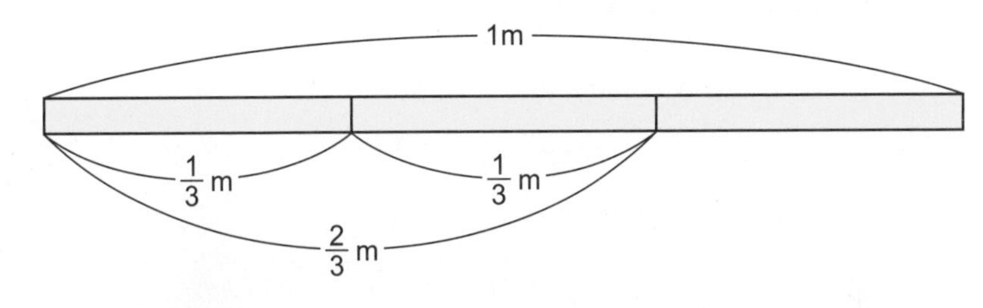

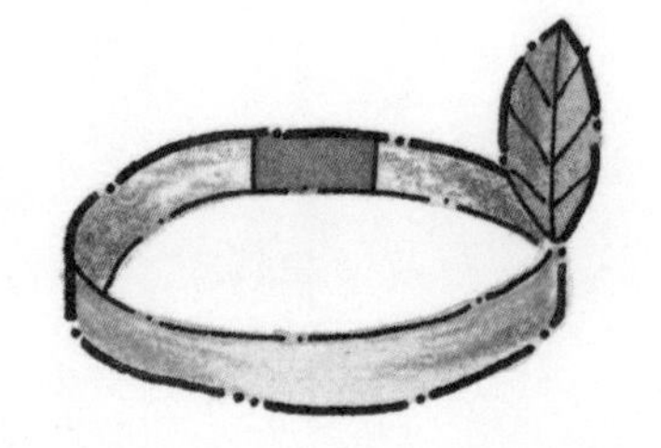
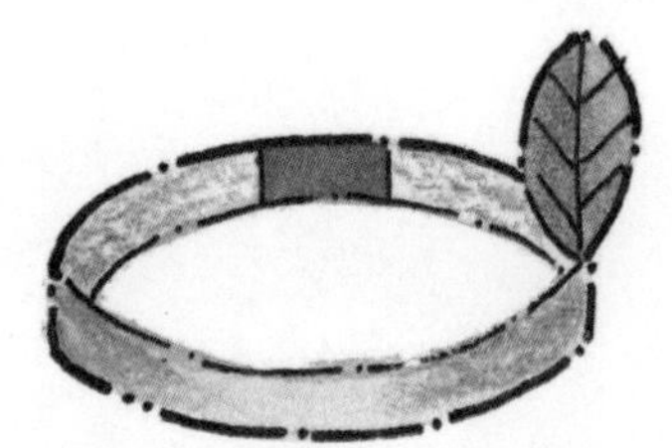

制作 2 顶头带，要使用$\frac{2}{3}$米的带子。

前面所出现的$\frac{1}{2}$、$\frac{1}{4}$、$\frac{2}{3}$等数，称为分数。分数中，横线以下的数称为分母，横线以上的数称为分子。横线称为分数线。

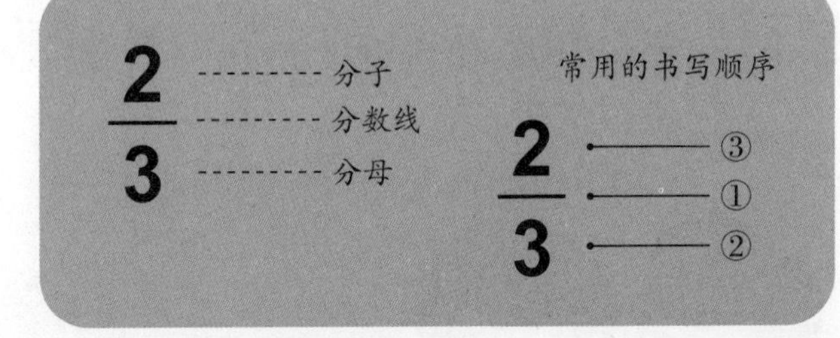

整 理

（1）把某物等分成2份，其中的一份是原来大小的“二分之一”，写成$\frac{1}{2}$。

（2）$\frac{1}{2}$、$\frac{2}{3}$这样的数，称为分数。

（3）分数中，横线以下的数称为分母，横线以上的数称为分子，横线称为分数线。

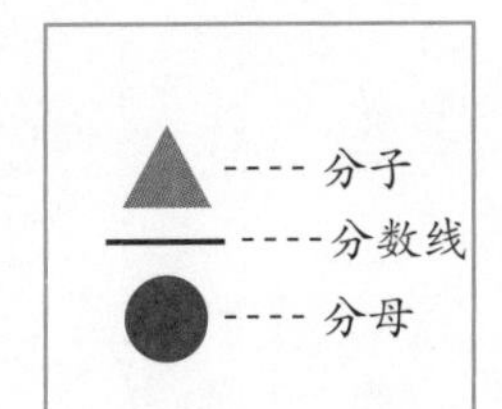

分数的表示法和意义

多少个$\frac{1}{4}$

大成全家有4个人，共同平分1升牛奶。

每一个人可以喝多少升牛奶呢？

把1升牛奶等分成4份，因此每1人份是$\frac{1}{4}$升牛奶。

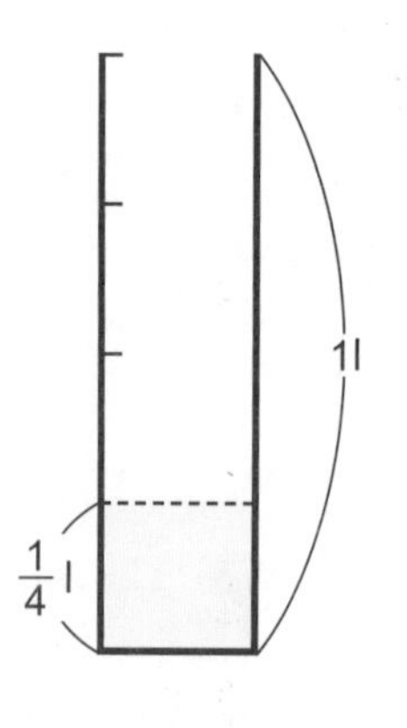

2人份，就是有2个$\frac{1}{4}$升，写成$\frac{2}{4}$升。

读作“四分之二升”。

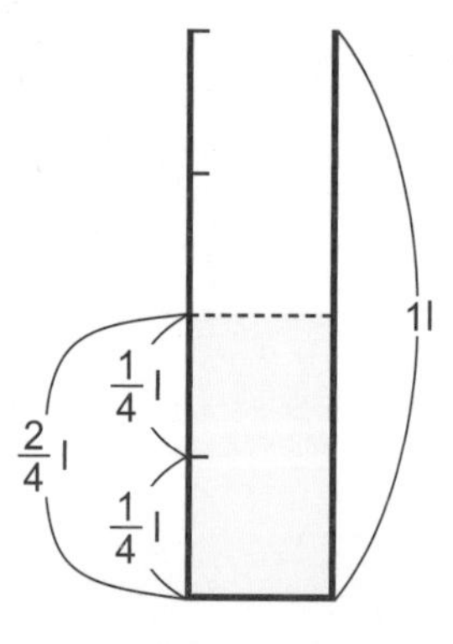

3人份，就是有3个$\frac{1}{4}$升，写成$\frac{3}{4}$升。

读作“四分之三升”。

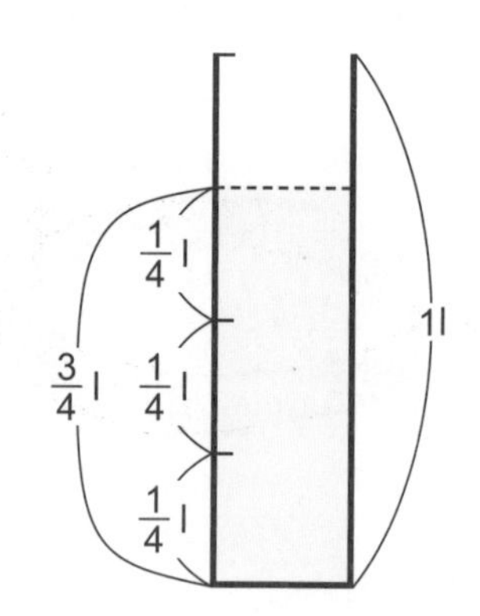

4人份，就是有4个$\frac{1}{4}$升。

4个$\frac{1}{4}$升，写成$\frac{4}{4}$升，读成“四分之四升”。而$\frac{4}{4}$升就等于1升。

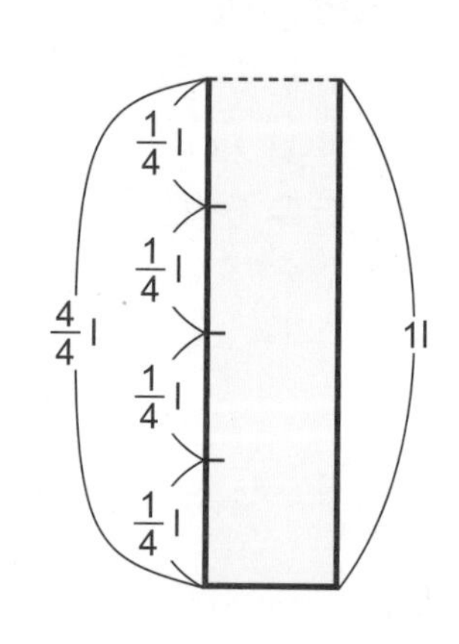

$\frac{1}{4}$升、$\frac{2}{4}$升、$\frac{3}{4}$升、$\frac{4}{4}$升（1升），也可以利用数线来表示。

如果把分数在数线上表示出来，就可以很清楚地了解它们的大小了。

学习重点

①了解$\frac{1}{4}$或$\frac{1}{5}$的1份、2份……的大小。
②了解分母和分子的意义。

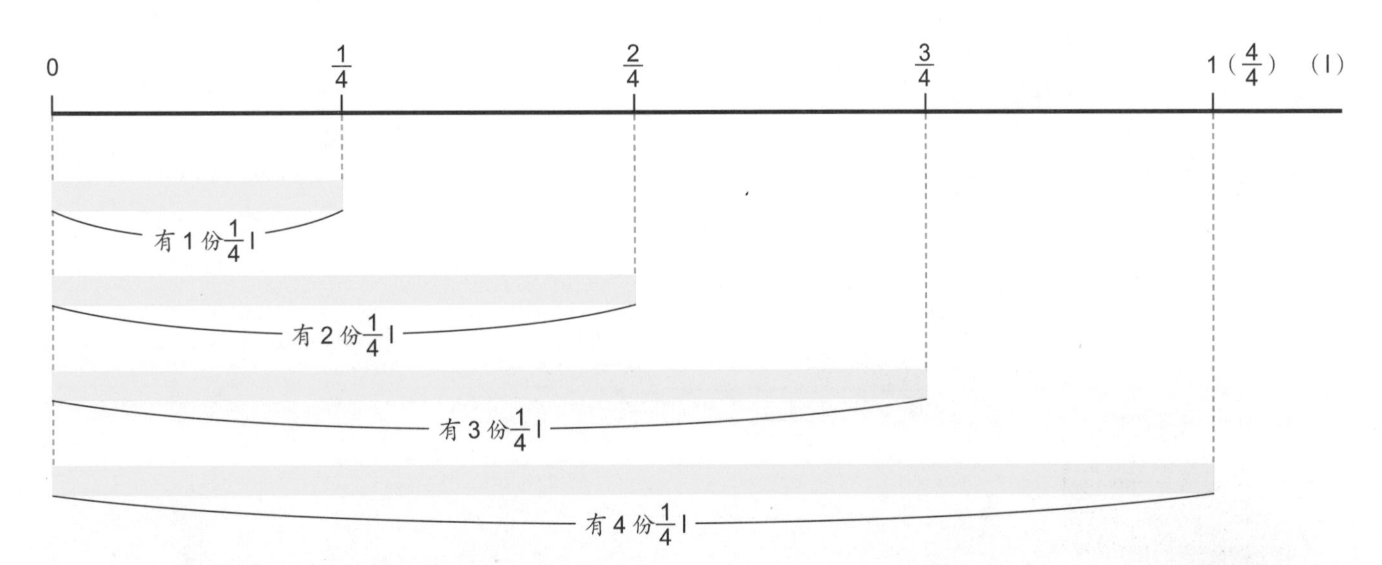

其他的分数也可以在数线上表示出来。例如，有2份、3份……的$\frac{1}{5}$，也可以用下图来表示。

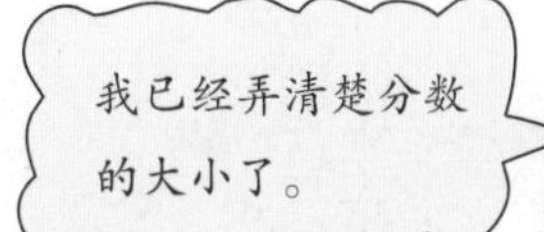

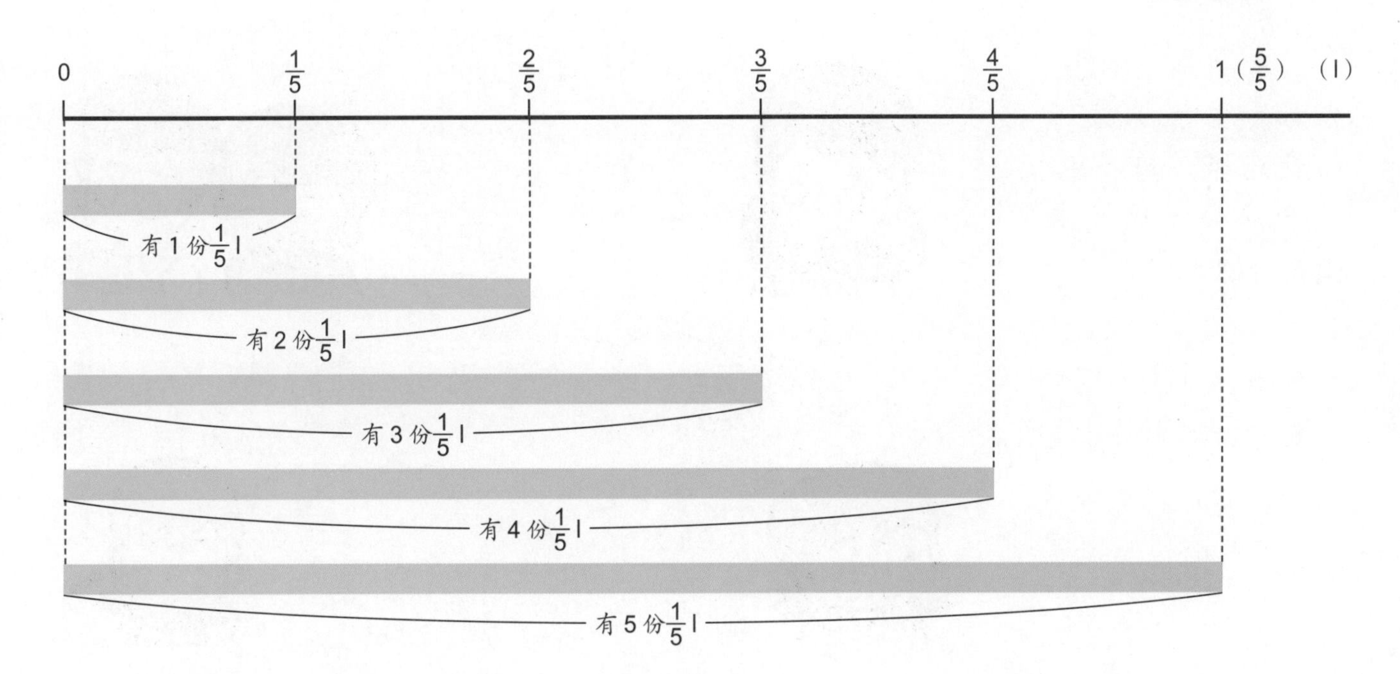

◆ 以其他的分数来研究看一看。

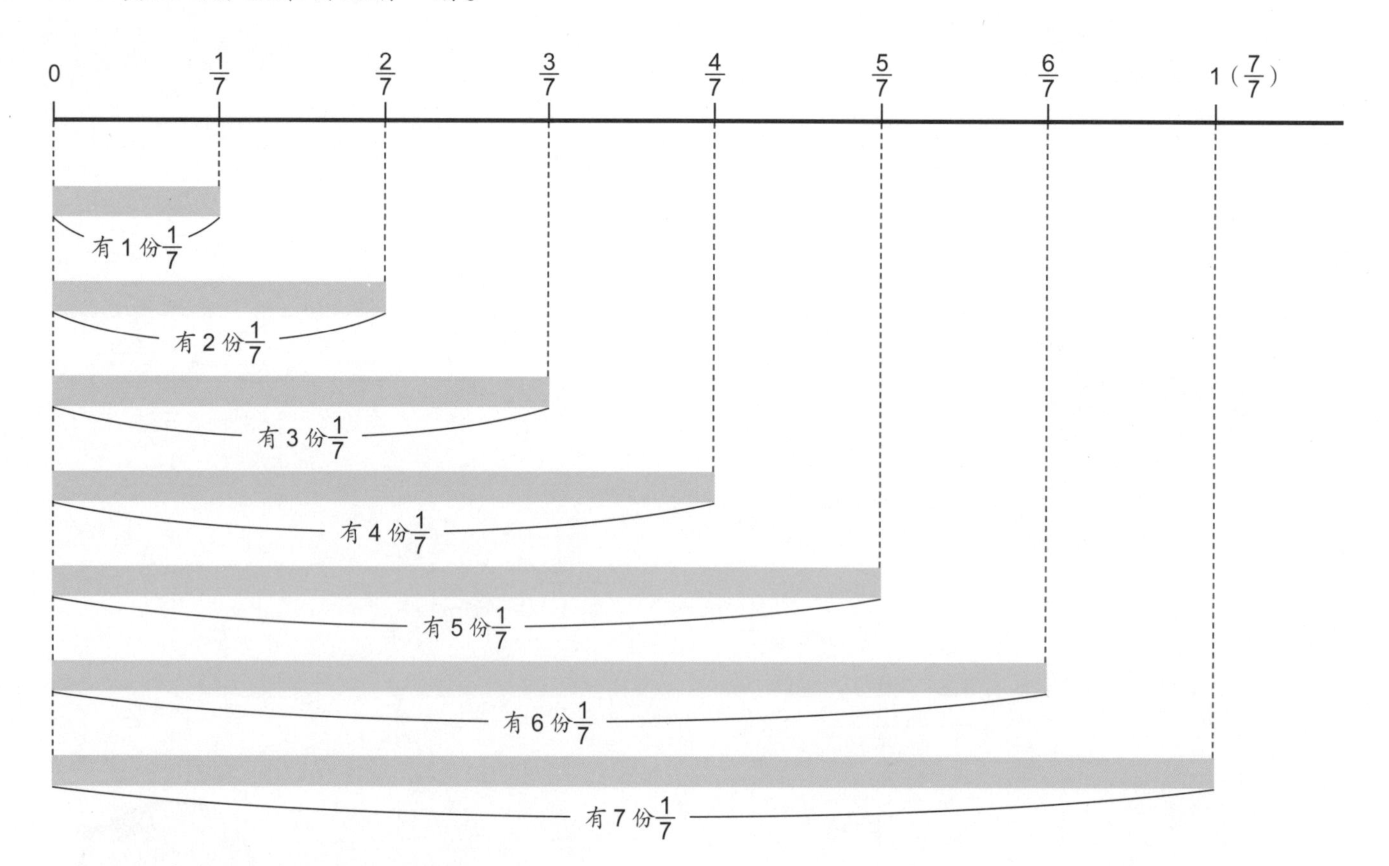

分母和分子的意义

分数是一种用分母和分子来表示的数，那么想一想，分母和分子是用来代表什么的呢？

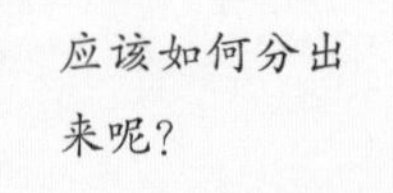

◆ 如果从1千克的砂糖中，取出$\frac{3}{5}$千克的砂糖，应该怎么做才好？

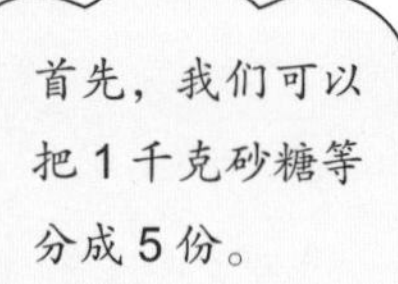

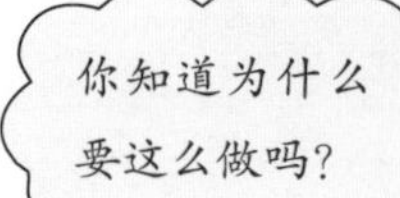

一看见分数的分母，就可以知道它把“1”等分成几份。

$\frac{3}{5}$千克的分母5，就是表示1千克等分成5份。

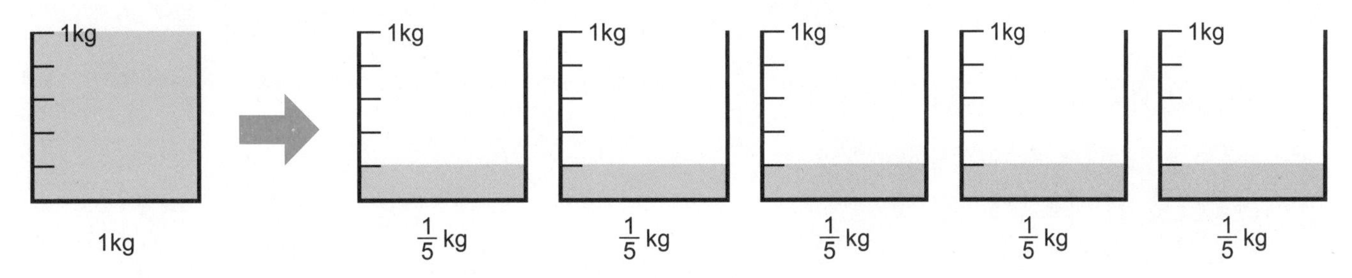

◆ 我们已经把1千克等分成5份，每一份是$\frac{1}{5}$千克，那么$\frac{3}{5}$千克应该怎么来表示呢？

我们从分数的分子，就可以知道它有几等份。

$\frac{3}{5}$千克的分子是3，就表示有3个$\frac{1}{5}$千克。

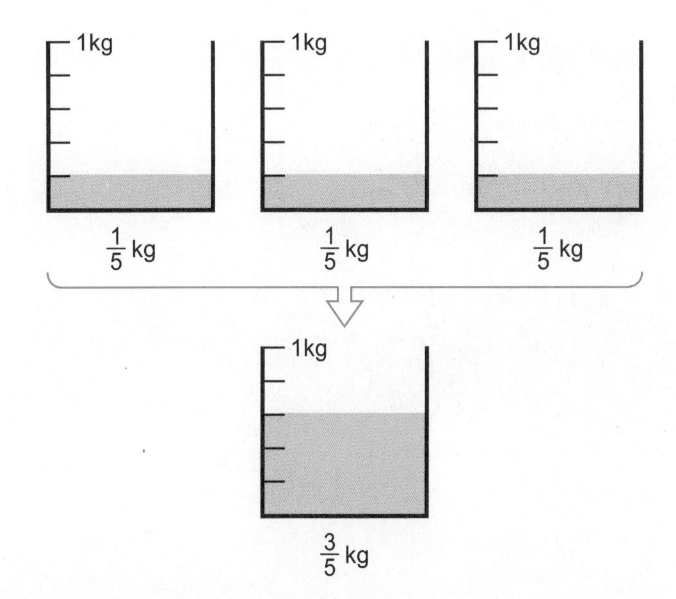

整 理

（1）3个$\frac{1}{4}$写成$\frac{3}{4}$，读成“四分之三”。

（2）分数的分母，代表把“1”等分成多少份。

分数的分子则是表示它有几个被等分的份数。

$\frac{5}{5}$米是5个$\frac{1}{5}$米的长度，也就是1米。当分子和分母相等的时候，它就等于“1”。

（3）分数可以在数线上表示出来。

分数的大小

比较分数的大小

◉ 分母相同的分数比较大小

大明去买春游要带的水壶。店里有一种蓝色的水壶，容量为$\frac{3}{5}$升，还有一种红色的水壶，容量为$\frac{4}{5}$升。

大明想买容量较大的水壶，但是，他又不知道到底哪个水壶的容量大。该怎么比较容量的大小呢？

• 真分数之间的大小比较

真分数就是比 1 小的分数。想一想，要怎么比较$\frac{3}{5}$和$\frac{4}{5}$等分数的大小呢？

◆ 首先，我们可以利用数线来计算。

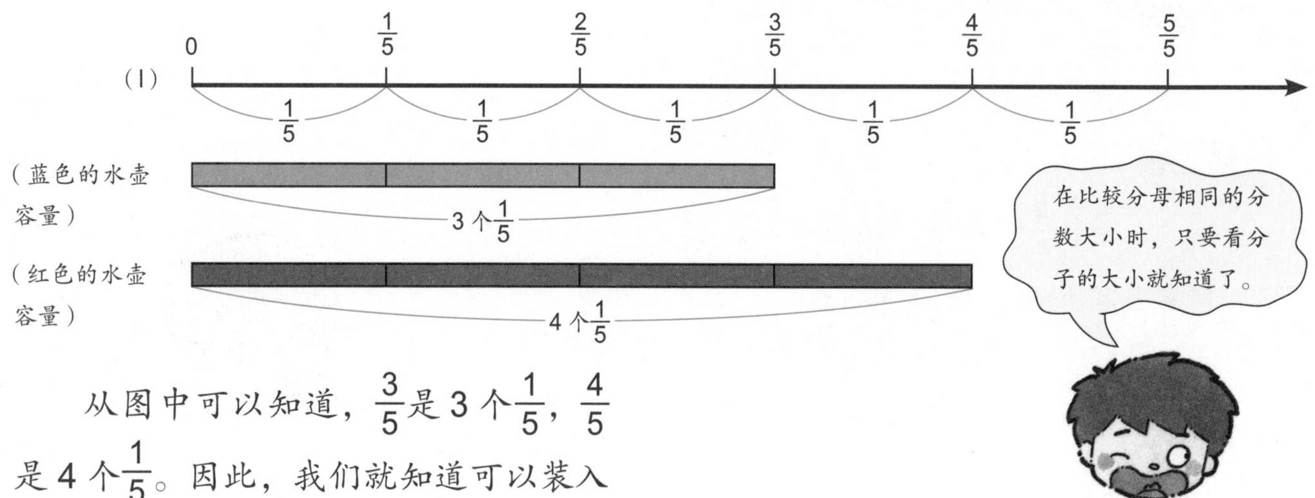

从图中可以知道，$\frac{3}{5}$是 3 个$\frac{1}{5}$，$\frac{4}{5}$是 4 个$\frac{1}{5}$。因此，我们就知道可以装入$\frac{4}{5}$升水的红色水壶，容量比较大。

※ 分母相同的分数中，分子大的分数比较大。

● 假分数和带分数的大小

假分数就是等于或大于1的分数。带分数就是有整数部分和真分数部分的分数。

店里还有黄色的水壶和白色的水壶，黄色的水壶的容量是$\frac{7}{5}$升，白色的水壶的容量为$1\frac{3}{5}$升。想一想，哪一种水壶的容量比较大？

> **学习重点**
>
> ①分母相同的分数比较大小的方法。
> ②分子相同、分母不同的分数比较大小的方法。
> ③假分数和带分数比较大小的方法。
> ④约分的方法。
> ⑤通分的方法。

◆ 首先，以图形来表示。

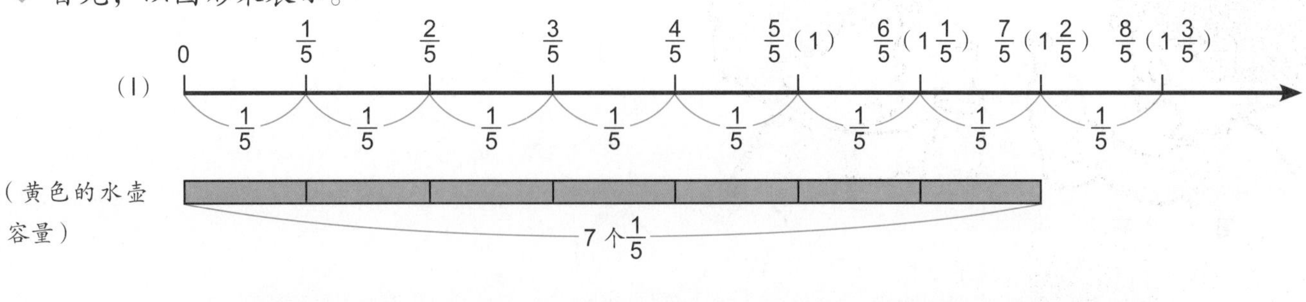

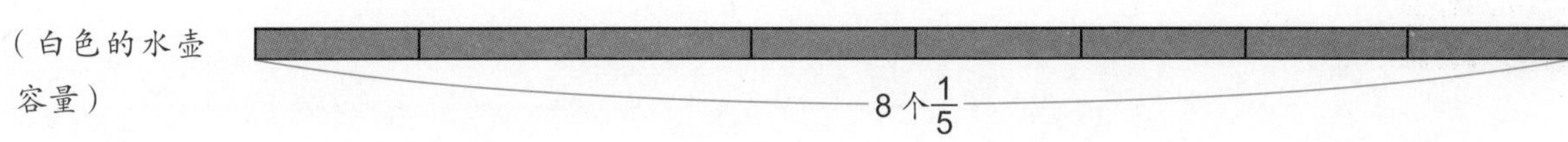

如$\frac{7}{5}$升和$1\frac{3}{5}$升，在比较假分数和带分数大小的时候，可以先把假分数化为带分数，或者把带分数化为假分数之后再作比较。

因为$\frac{5}{5}=1$，所以

$\frac{6}{5}=1\frac{1}{5}$，$\frac{7}{5}=1\frac{2}{5}$，$\frac{8}{5}=1\frac{3}{5}$。

◆ 先把假分数化为带分数，比较看一看。

$\frac{7}{5}=1\frac{2}{5}$，因此只要把$1\frac{2}{5}$和$1\frac{3}{5}$作比较就可以了。结果$1\frac{2}{5}<1\frac{3}{5}$。

所以，我们知道可以装$1\frac{3}{5}$升水的白色的水壶容量比较大。

这次，我们要把带分数化为假分数来比较。

$1\frac{3}{5}=\frac{8}{5}$，因此只要比较$\frac{7}{5}$和$\frac{8}{5}$的大小就可以了，结果$\frac{7}{5}<\frac{8}{5}$。

所以，我们又得知还是装$1\frac{3}{5}$（$\frac{8}{5}$）升水的白色的水壶容量比较大。

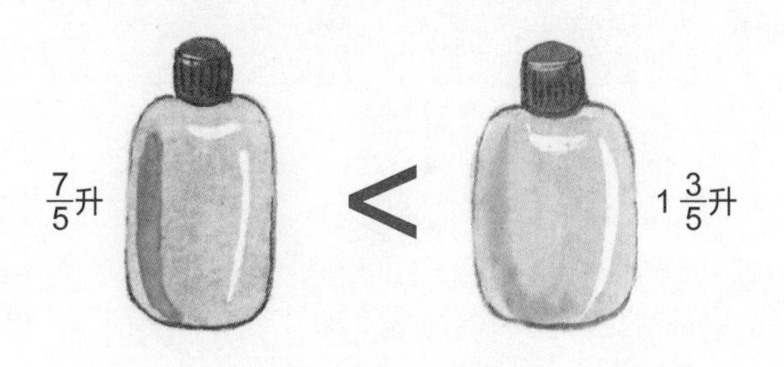

※ 像这样，当我们要比较假分数和带分数的大小时，可以将分数都化为假分数或都化为带分数，再作比较。

◉ 分子相同、分母不同的分数比较大小

大明和小诚在自然课观察中，收集了一些丝瓜水。

大明收集了$\frac{3}{4}$升，小诚收集了$\frac{3}{5}$升。谁收集的比较多呢？

● $\frac{3}{4}$升和$\frac{3}{5}$升的大小比较

如$\frac{3}{4}$升和$\frac{3}{5}$升，当我们在比较分子相同、分母不同的分数时，该怎么办？

首先，我们把两人收集的丝瓜水倒入1升容量的瓶子里，用图形来表示。

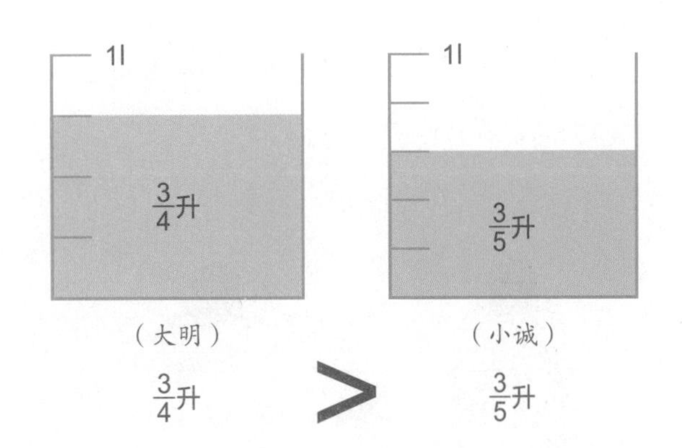

从以上图中，我们就可以看出大明收集的丝瓜水比较多。虽然，在图形中我们可以得知大明收集的丝瓜水比较多，但是，究竟为什么会变成这样呢？现在，我们可以用分数的意义来计算。

分数可以用整数的除法来表示，如$\frac{▲}{●}$＝▲÷●。

因此，$\frac{3}{4}$和$\frac{3}{5}$可以分别表示为：

$\frac{3}{4}=3\div4$，$\frac{3}{5}=3\div5$。

在整数的除法中，如3÷4和3÷5，被除数相同的时候，用小的除数4来除，商会变得比较大。

从分数的意义来看，我们也知道$\frac{3}{4}$比$\frac{3}{5}$大。

现在，我们再用数线来比较它们的大小。

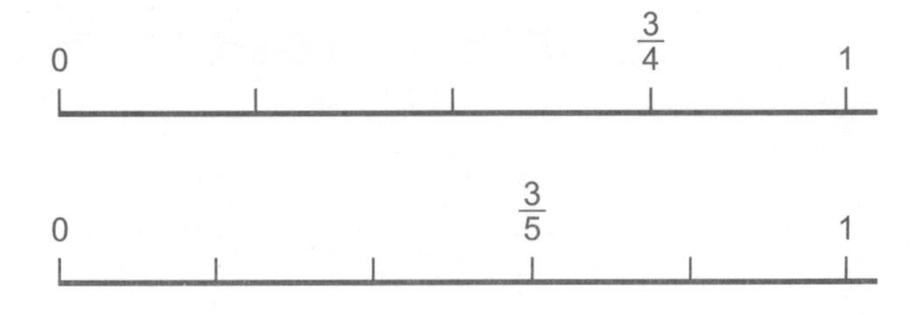

从数线上来看，我们知道$\frac{3}{5}$比较靠近0，因此$\frac{3}{4}$比较大。

从以下的数线中就可以得知，分子相同的分数，分母越大，分数越小。

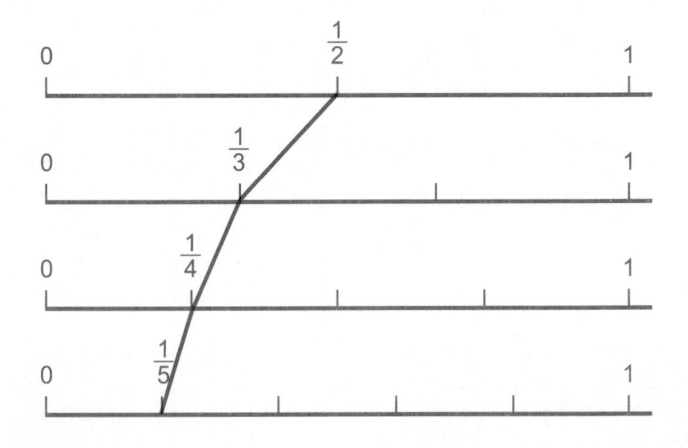

约分和通分

◉ 大小相等的分数

为了工作时使用，小青剪取了2条$\frac{1}{4}$米的带子。大民则剪取了1条$\frac{1}{2}$米的带子。

小青和大民哪一个剪取的带子比较长呢？

小青剪取的带子长度是2个$\frac{1}{4}$米，因此是$\frac{2}{4}$米，大民剪取的带子长度是$\frac{1}{2}$米。

2个人剪取的带子长度，我们可以用图形来表示。

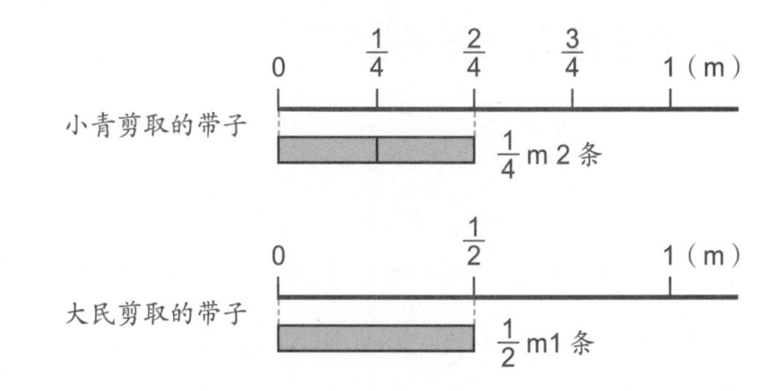

从图中可以看出，$\frac{1}{4}$米2条是$\frac{2}{4}$米，和$\frac{1}{2}$米的长度相同。

在分数中，有的分数虽然分母和分子都不同，但是大小却相等。

◆ 把分母不同的许多分数，在数线上表示出来。

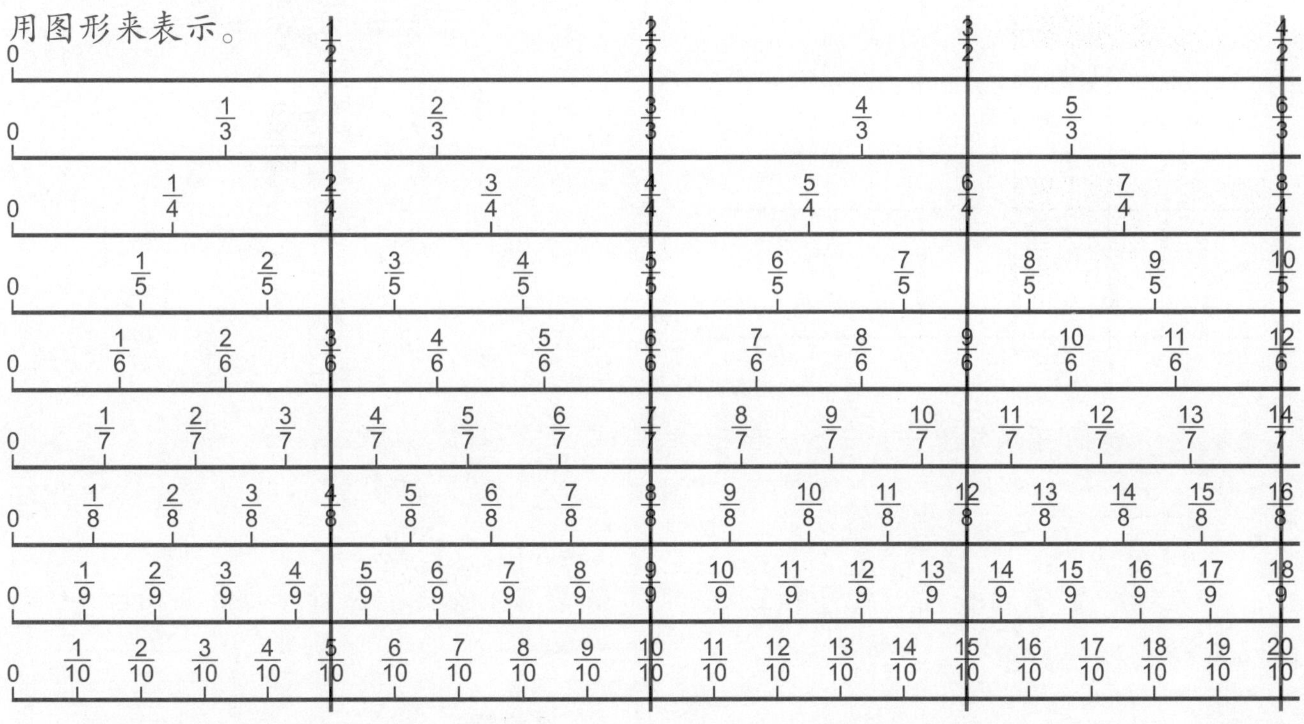

在上图中，把分母不同的分数在数线上表示出来，结果发现，有许多分数虽然分母不同，但大小却相等。

如$\frac{1}{2}=\frac{2}{4}=\frac{3}{6}=\frac{4}{8}=\frac{5}{10}$及$\frac{2}{3}=\frac{4}{6}=\frac{6}{9}$等，就是一些大小相等的分数。现在我们再来仔细观察数线，看一看是不是能找出其他大小相等的分数。

◉ 大小相等的分数性质

使用数线来表示分数时，可以发现有许多类似$\frac{1}{2}$、$\frac{2}{4}$、$\frac{3}{6}$……的分数，即使它们的分母和分子都不同，但是大小却相等。让我们来看看像这种大小相等的分数，它们的分母和分子之间，有什么样的关系。

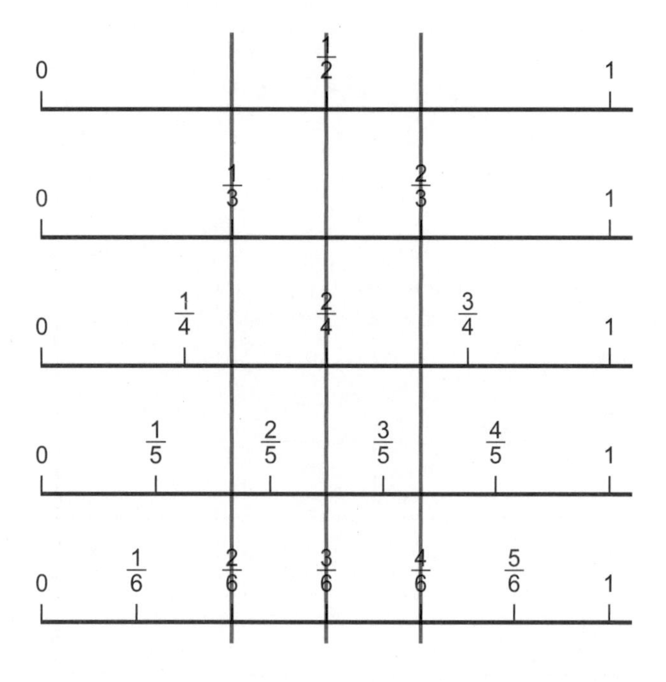

从图中我们可以知道$\frac{1}{3}$和$\frac{2}{6}$、$\frac{1}{2}$和$\frac{2}{4}$和$\frac{3}{6}$、$\frac{2}{3}$和$\frac{4}{6}$分别是大小相等的分数。

首先，我们来看一看$\frac{1}{2}$和$\frac{2}{4}$和$\frac{3}{6}$之间，有什么样的关系。

$$\frac{1}{2}=\frac{1\times2}{2\times2}=\frac{2}{4}$$

$$\frac{1}{2}=\frac{1\times3}{2\times3}=\frac{3}{6}$$

$\frac{2}{4}$是$\frac{1}{2}$的分子、分母都乘2得到的分数。而$\frac{3}{6}$是$\frac{1}{2}$的分子、分母都乘3得到的分数。无论是$\frac{2}{4}$还是$\frac{3}{6}$，都是$\frac{1}{2}$的分子、分母乘相同的数所变成的分数。

这对于大小相等的$\frac{1}{3}$和$\frac{2}{6}$、$\frac{2}{3}$和$\frac{4}{6}$也成立。

※ 分数的分子、分母乘相同的数（0除外），分数的大小不变。

现在，我们再来想一想有关$\frac{2}{4}$和$\frac{1}{2}$、$\frac{3}{6}$和$\frac{1}{2}$之间的关系。

$$\frac{2}{4}=\frac{2\div2}{4\div2}=\frac{1}{2}$$

$$\frac{3}{6}=\frac{3\div3}{6\div3}=\frac{1}{2}$$

像这样，$\frac{1}{2}$等于$\frac{2}{4}$的分子、分母同时除以2，也等于$\frac{3}{6}$的分子、分母同时除以3。

这对于大小相等的$\frac{2}{6}$和$\frac{1}{3}$、$\frac{4}{6}$和$\frac{2}{3}$也成立。

※ 分数的分子、分母除以相同的数（0除外），分数的大小不变。

合起来说就是：分数的分子、分母同时乘或同时除以相同的数（0除外），分数的大小不变。

◉ 约分

我们已经知道有许多分数，虽然分子、分母不同，但大小却相等。

现在，我们以图形来表示，并比较$\frac{1}{2}$、$\frac{2}{4}$、$\frac{3}{6}$之间的关系。

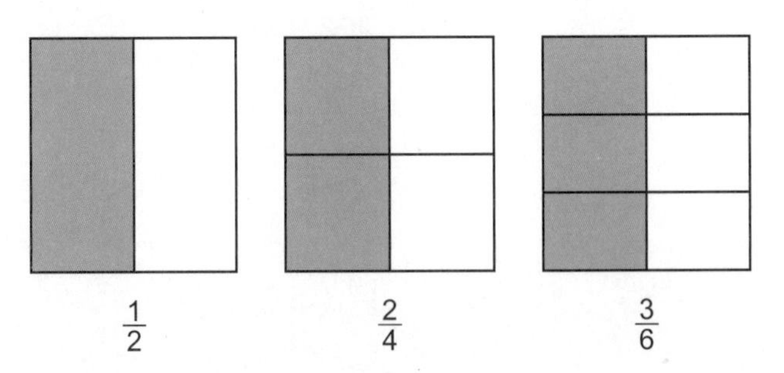

从图形中，我们知道3个分数都相等，但这时，代表$\frac{1}{2}$的图形比$\frac{3}{6}$的图形要简单，而且容易理解。

也就是说，在几个相等的分数中，用分子、分母最小的分数来表示比较容易理解。

● 把$\frac{8}{24}$化为简单的分数

把$\frac{8}{24}$化为简单的分数过程中，只把分数的分子、分母变小，而不改变分数的值。

分数的分子、分母同时除以相同的数（除0外）时，分数的大小不变。

◆ 首先，除以2。

$24 \div 2=12$，$8 \div 2=4$，分子和分母都可以除得尽，因此变成

$$\frac{8}{24}=\frac{4}{12}$$

◆ 接下来，再除以3。

$24 \div 3=8$，$8 \div 3=2.66\cdots\cdots$，结果分母除得尽，但分子却除不尽。

◆ 这一次，我们再除以4。

$24 \div 4=6$，$8 \div 4=2$，结果分子和分母都除得尽，因此：

$$\frac{8}{24}=\frac{2}{6}$$

◆ 这一次，我们再除以8。

$24 \div 8=3$，$8 \div 8=1$，结果分子和分母都除得尽，因此：

$$\frac{8}{24}=\frac{1}{3}$$

比起$\frac{8}{24}$、$\frac{4}{12}$或$\frac{2}{6}$，$\frac{1}{3}$的分母和分子最小，而且较容易理解分数的大小。

$\frac{8}{24}$的分子为8、分母为24，分别除以2、4、8，都可以除得尽。

因此，我们可以知道2、4、8就是8和24的公因数。

为了使某一个分数的分子和分母除以相同的数之后，成为最简单的分数，只要找出分子和分母的最大公因数就可以了。

把分数的分子和分母除以分子和分母的公因数，使分数的分子和分母变小，却不改变分数的大小，这称为约分。

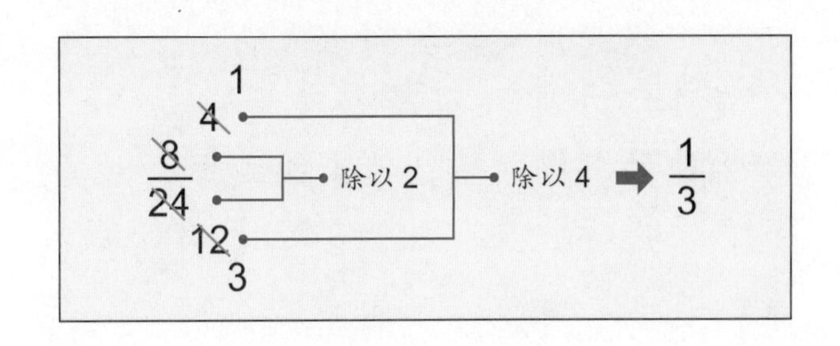

通分

小萍的水壶可以装$\frac{1}{3}$升的水，小凤的水壶可以装$\frac{2}{5}$升的水，大华的水壶可以装$\frac{1}{5}$升的水。

那么，哪一个人的水壶的容量最大呢？

$\frac{1}{3}$升、$\frac{2}{5}$升、$\frac{1}{5}$升的大小比较

3个水壶的容量无法一次作比较，因此我们把每2个水壶分别作比较。

首先，我们先比较分母相同的分数。

小凤的水壶容量是$\frac{2}{5}$升，大华的水壶容量是$\frac{1}{5}$升，$\frac{2}{5}$和$\frac{1}{5}$是分母同为5的分数，因此我们知道分子较大的$\frac{2}{5}$比$\frac{1}{5}$大。也就是说小凤的水壶容量比大华的水壶容量大。

$$\frac{2}{5}\text{升} > \frac{1}{5}\text{升}$$

接下来，我们再来比较分子相同的分数。

小萍的水壶容量是$\frac{1}{3}$升，大华的水壶容量是$\frac{1}{5}$升。$\frac{1}{3}$和$\frac{1}{5}$，分子同样都是1，因此分母较小的$\frac{1}{3}$比较大。也就是说小萍的水壶容量比大华的水壶容量大。

$$\frac{1}{3}\text{升} > \frac{1}{5}\text{升}$$

既然$\frac{2}{5}$升和$\frac{1}{3}$升都比$\frac{1}{5}$升大，那接下来，我们就要比较$\frac{2}{5}$升和$\frac{1}{3}$升的大小了。

在数线上表示分数的时候，如$\frac{1}{2}$和$\frac{2}{4}$，分母虽然不一样，却是两个相同的分数。

如$\frac{2}{5}$和$\frac{1}{3}$，在比较分母不同的分数大小时，必须先把它们化为分母相同的分数以后再作比较。

动脑时间

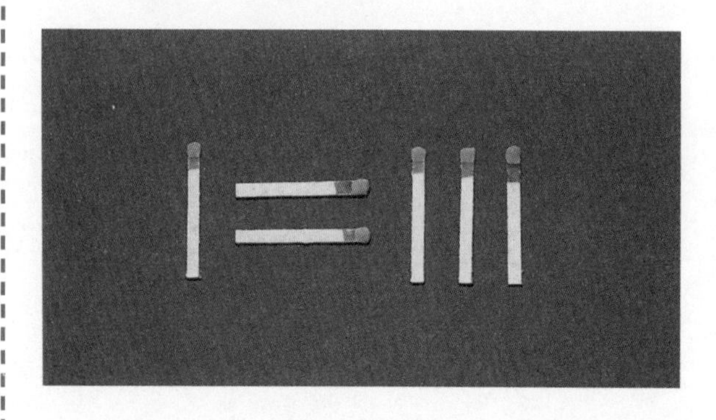

这是用火柴排列出来的式子。但是1=111实在很奇怪。请移动“=”右边的三根火柴，使等式成立。

提示：把“=”右边变成分数。

而不是11=11哦。

要变成什么样的分数呢？

如果分子和分母相同，就会变成整数。

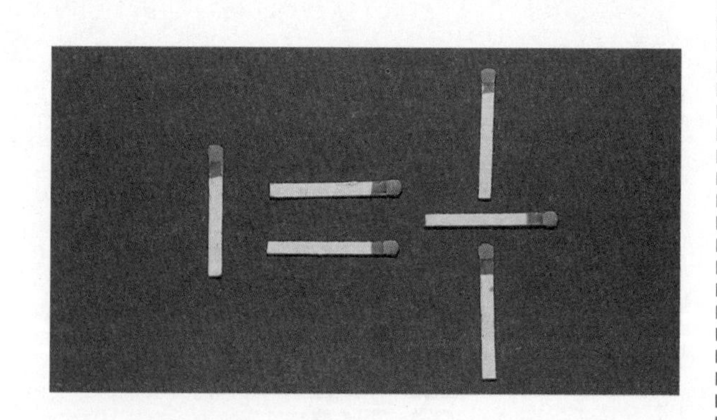

和$\frac{2}{5}$相等的分数

$$\left\{\frac{2}{5}=\frac{4}{10}=\boxed{\frac{6}{15}}=\frac{8}{20}=\frac{10}{25}\cdots\cdots\right\}$$

$$\frac{2\times2}{5\times2}\quad\frac{2\times3}{5\times3}\quad\frac{2\times4}{5\times4}\quad\frac{2\times5}{5\times5}$$

和$\frac{1}{3}$相等的分数

$$\left\{\frac{1}{3}=\frac{2}{6}=\frac{3}{9}=\frac{4}{12}=\boxed{\frac{5}{15}}\cdots\cdots\right\}$$

$$\frac{1\times2}{3\times2}\quad\frac{1\times3}{3\times3}\quad\frac{1\times4}{3\times4}\quad\frac{1\times5}{3\times5}$$

其中，$\frac{6}{15}$和$\frac{5}{15}$是分母相同的分数。而

$$\frac{6}{15}>\frac{5}{15},$$

因此，$\frac{2}{5}$升 > $\frac{1}{3}$升。

所以，小凤的水壶容量比小萍的水壶容量大。

像这样，把分母不同的几个分数，不改变分数的值，而化为分母相等的分数，就称为通分。

这样，我们就可以方便地比较3人水壶容量的大小了。

$$\frac{2}{5}\text{升}>\frac{1}{3}\text{升}>\frac{1}{5}\text{升}。$$

结果得知小凤的水壶容量最大。

通分的方法

现在，我们来想一想$\frac{5}{6}$和$\frac{3}{4}$的通分方法。

首先，找出和$\frac{5}{6}$、$\frac{3}{4}$相等的分数。

$$\left\{\frac{5}{6}=\boxed{\frac{10}{12}}=\frac{15}{18}=\boxed{\frac{20}{24}}\cdots\cdots\right\}$$

$$\left\{\frac{3}{4}=\frac{6}{8}=\boxed{\frac{9}{12}}=\frac{12}{16}=\frac{15}{20}=\boxed{\frac{18}{24}}\cdots\cdots\right\}$$

其中分母相同的分数有$\frac{10}{12}$和$\frac{9}{12}$、$\frac{20}{24}$和$\frac{18}{24}$等。

通分后的分母12和24，称为共通的分母。另外，在通分的时候，通分的分母越小越好。

把$\frac{5}{6}$和$\frac{3}{4}$通分，就变成$\frac{10}{12}$和$\frac{9}{12}$。

我们来看一看通分的分母12和24。12和24，是原来的分母6和4的公倍数。因此，在通分的时候，先找出分母的公倍数，再把它变为通分的分母就可以了。其中最小的公倍数，称为最小公倍数。

整　理

（1）分数的分子和分母乘上相同的数（0除外），或是除以相同的数（0除外），分数的大小不变。

（2）把分数的分母和分子除以它们的公因数，变成较简单的分数，这个过程称为约分。

（3）把分母不同的分数，变成通分分母的分数而不改变分数的值，称为通分，通分的分母是原来分母的公倍数。

分数也可以加减吗？

分数可以相加吗？

小志和甜甜给水槽中加水。

小志先加进$\frac{2}{7}$升的水量，甜甜再加进$\frac{3}{7}$升的水量。那么，他们总共加进了几升的水呢？

用图形来表示问题

把加进的水用图形表示出来。

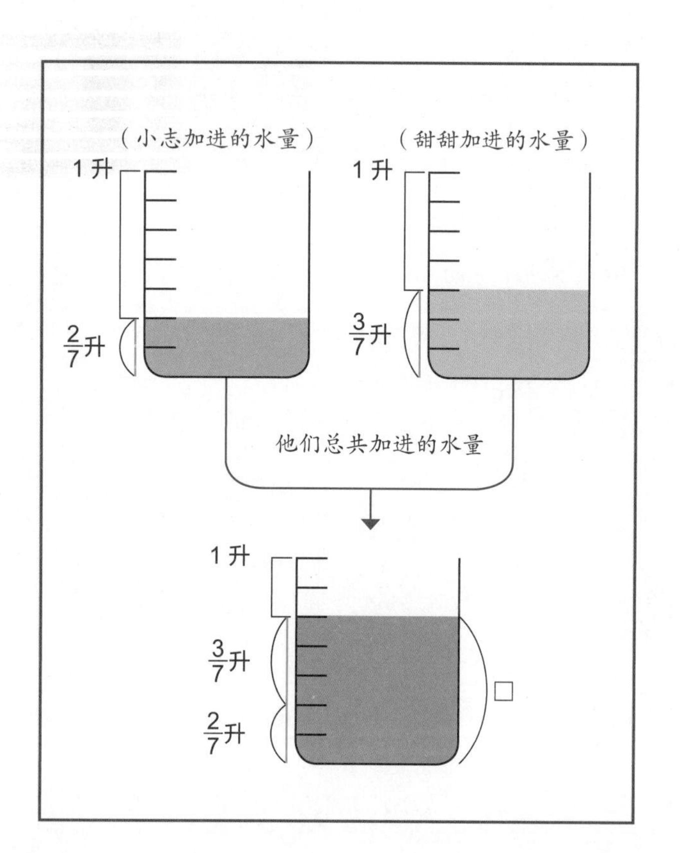

现在，让我们用色带来表示。

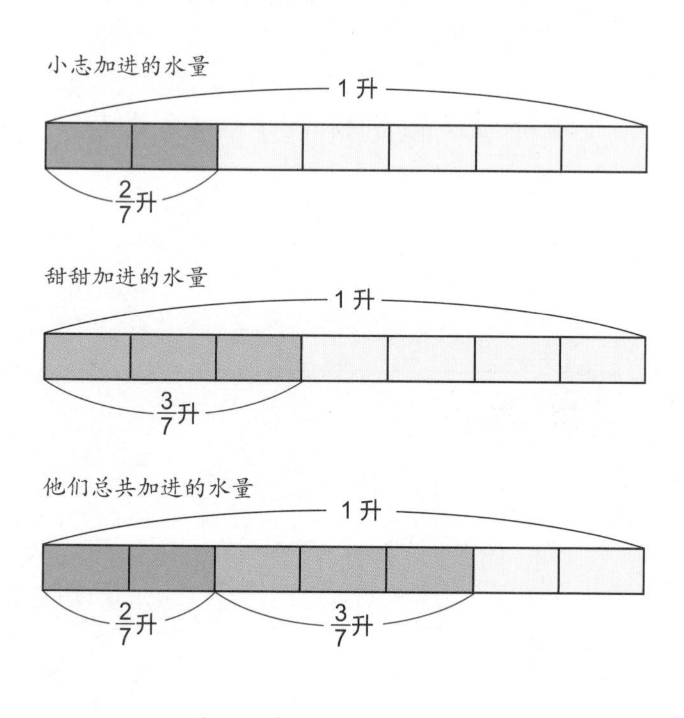

从图中，我们就可以了解□升是几升了。

● **列成式子**

在这个问题中，我们想一想应该用什么样的式子来计算□?

假设小志加进的水量是 2 升，而甜甜加进的水量是 3 升，总共的水量列成为：2+3=5（升），用加法算式来计算了。

在这个问题中，小志加进的水量是$\frac{2}{7}$升，甜甜加进的水量是$\frac{3}{7}$升，因此，和整数、小数的情况一样，总共的水量，也可以用$\frac{2}{7}+\frac{3}{7}=\frac{5}{7}$（升）来计算。

像这样，在整数或小数中，利用加法来计算的问题，在分数中也相同，都可以用加法的算式来计算。

学习重点

分数和整数或小数一样，也可以计算加法、减法。

◆ 计算出用水槽或色带图所表示的数量。

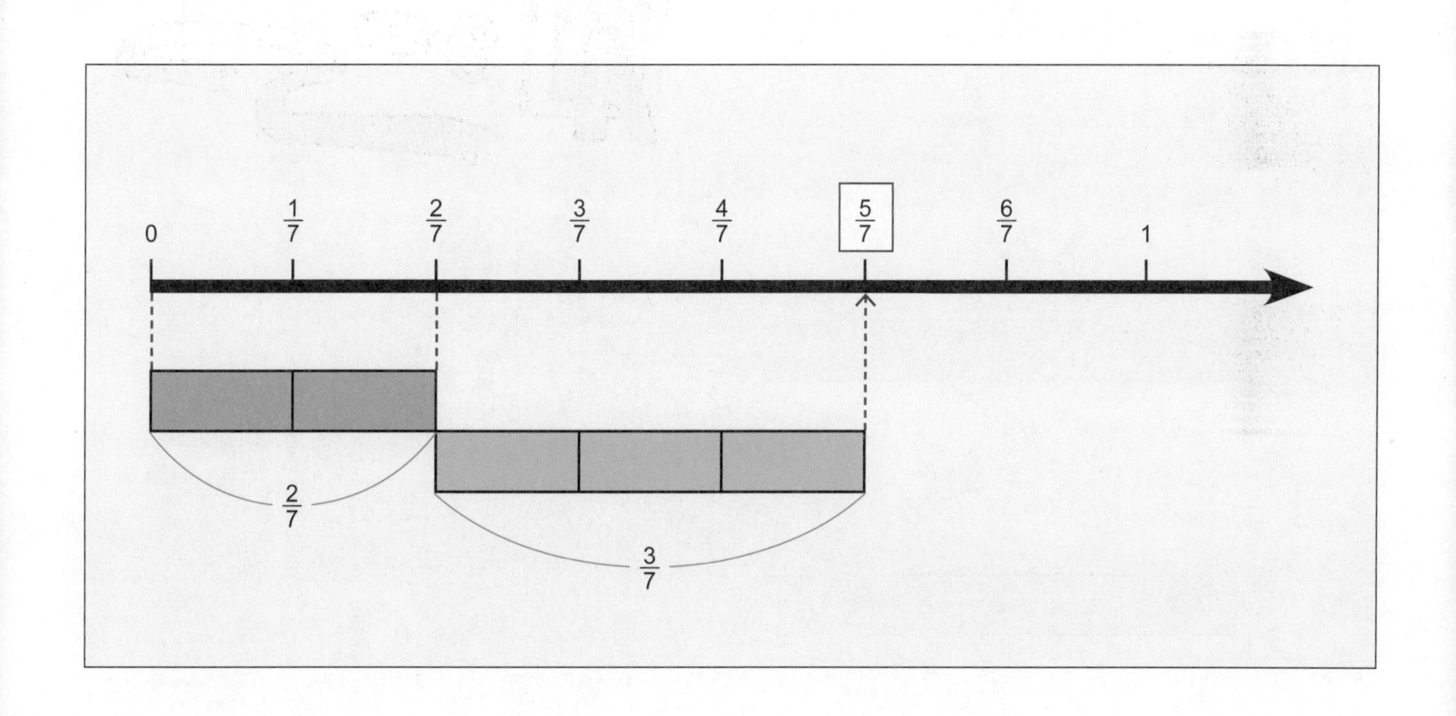

$\frac{2}{7}$是$\frac{1}{7}$的 2 倍。

$\frac{3}{7}$是$\frac{1}{7}$的 3 倍。

$\frac{1}{7}$的 2 倍和$\frac{1}{7}$的 3 倍加起来，就成了$\frac{1}{7}$的 5 倍，换句话说，就是$\frac{5}{7}$，即$\frac{2}{7}+\frac{3}{7}=\frac{5}{7}$。

因此，对分数也可以做加法的计算。

分数可以相减吗？

甜甜有一条长$\frac{4}{5}$米的带子，现在她剪下$\frac{1}{5}$米来做缎带。

还剩下几米的带子呢？

● 用色带图形来表示问题

首先，想一想图形所表示的问题的意义。

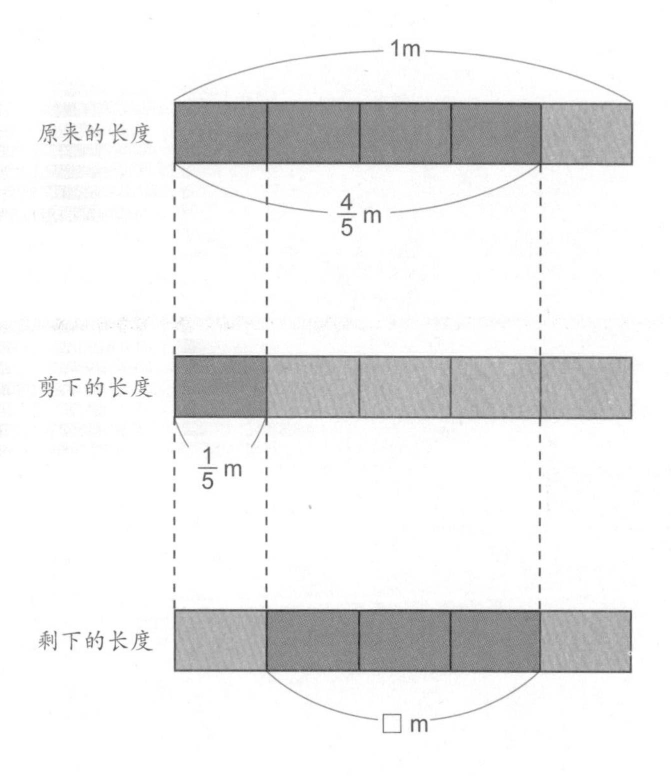

从图形中就可以了解，在这个问题中，只要求出剩下的长度是多少米就行了。

● 列成算式

在色带图形中，我们知道这个问题是要计算剩下的长度是多少米。

那么，如果把这个问题列成算式来表示，会变成什么样子呢？

假设有一个相同的问题，原来的长度是4米，剪下1米，剩下的长度就可以列成整数的减法算式：4−1=3（米）。

如果原来的长度为0.4米，剪下的长度为0.1米时，剩下的长度也可以列成小数的减法算式：0.4−0.1=0.3（米）。

像这样，从原来剪下一段，求剩下的长度时，就要用减法来计算了。

在这个问题中，原来的总长是$\frac{4}{5}$米，剪下的长度为$\frac{1}{5}$米，这种分数的计算也和整数或小数的计算相同，求剩下的长度时，也可以用减法来计算，算式为：$\frac{4}{5}-\frac{1}{5}=\frac{3}{5}$（米）。

◆ 用数线来计算$\frac{4}{5}-\frac{1}{5}$

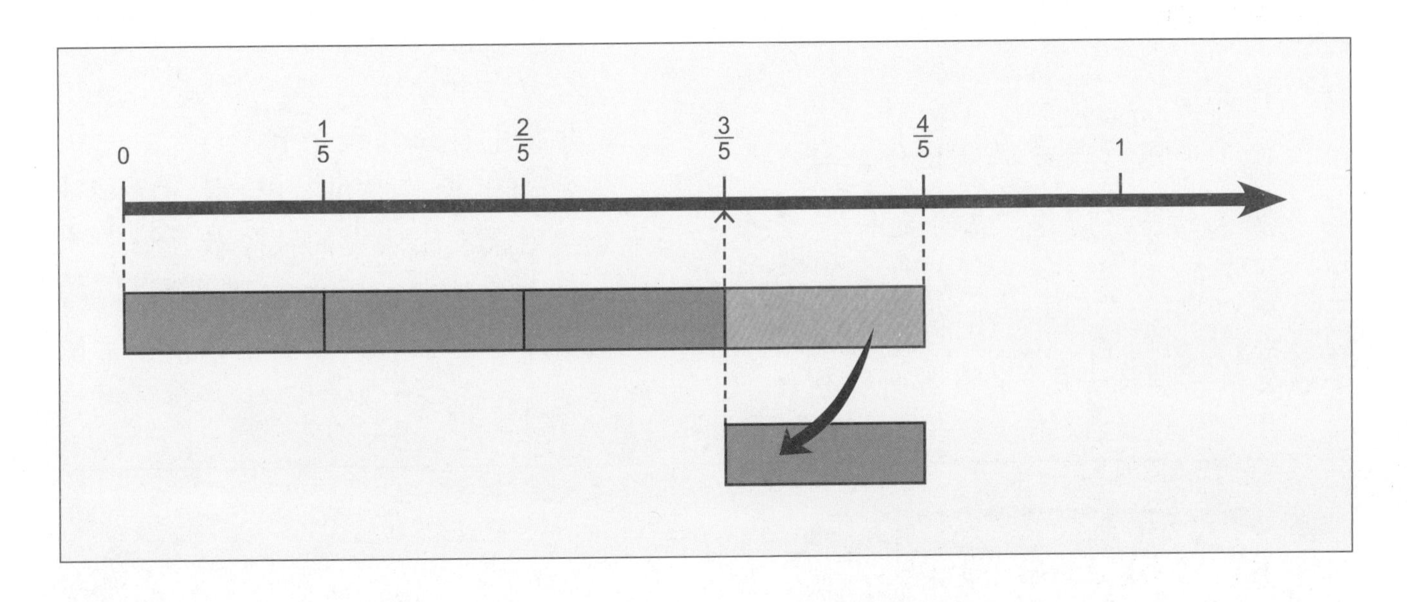

$\frac{4}{5}$是$\frac{1}{5}$的 4 倍。

$\frac{4}{5}-\frac{1}{5}$的计算，是从$\frac{1}{5}$的 4 倍中取下$\frac{1}{5}$的 1 倍，因此得数等于$\frac{1}{5}$的 3 倍，也就是$\frac{3}{5}$，即$\frac{4}{5}-\frac{1}{5}=\frac{3}{5}$。

因此，我们就知道对分数也可以用减法来计算了。

整 理

（1）分数在计算总和或剩余的问题时，也和整数和小数的计算一样，可以列成加法和减法算式来计算。

（2）分数也和整数或小数一样，可以计算加法或减法。

巩固与拓展

整 理

1. 分数

把 1 个东西平分成 3 小份，每 1 小份是原来的$\frac{1}{3}$，读作“三分之一”。2 个$\frac{1}{3}$可以写成$\frac{2}{3}$，读作“三分之二”。$\frac{2}{3}$是$\frac{1}{3}$的 2 倍。类似$\frac{1}{2}$或$\frac{2}{3}$的数都叫作分数。

2. 分母和分子

分数中有分母和分子。

分母代表除法中的除数，而分子则代表除法中的被除数。

$\frac{1}{3}$ …分子 …分母

3. 长度、容积的分数

长度、容积的分数表示方法如右图所示。

试一试，来做题。

1. 这里是分数的王国。

请试着回答下面的问题。

答案全部用分数填写。

①着色的部分各是全部的几分之几？

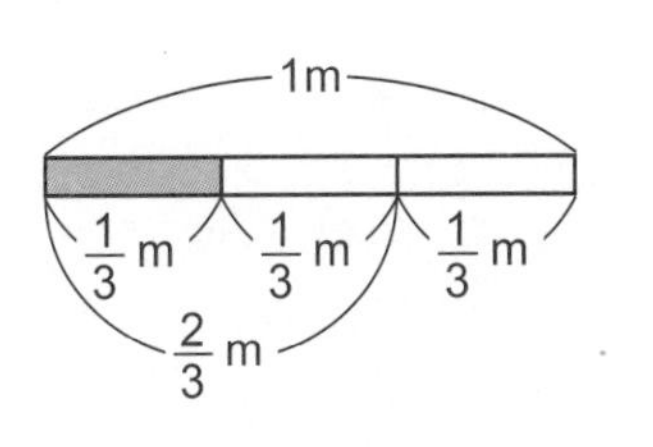

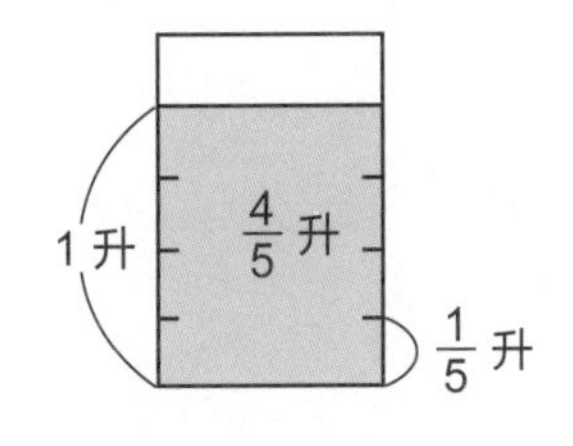

4. 分数和数线

分数有大小之分，如$\frac{2}{5} < \frac{3}{5}$。

把不同的分数排列在数线上会成为下面的情形：$\frac{1}{2} > \frac{1}{3}$，$\frac{2}{3} > \frac{1}{3}$。

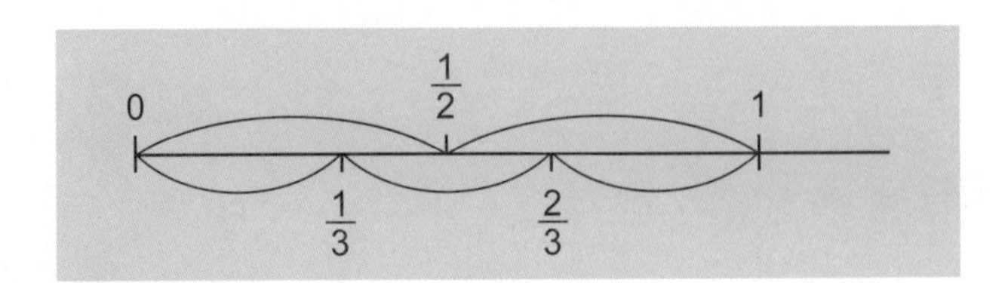

5. 分数的加法和减法

$\frac{3}{5}$是 3 个$\frac{1}{5}$。$\frac{1}{5}$是 1 个$\frac{1}{5}$。如果以$\frac{1}{5}$作为单位，$\frac{3}{5}$加上$\frac{1}{5}$就等于 4 个$\frac{1}{5}$。

$\frac{3}{5} + \frac{1}{5} = \frac{4}{5}$　$\frac{3}{5}$减去$\frac{2}{5}$等于$\frac{1}{5}$，$\frac{3}{5} - \frac{2}{5} = \frac{1}{5}$。

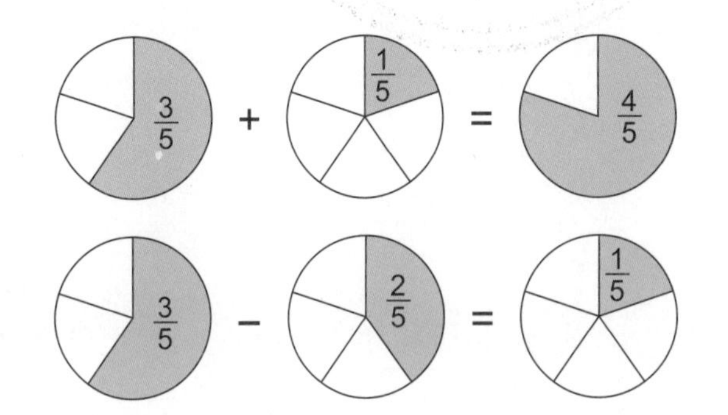

②下面 7 个小矮人并没有按照分数的大小排列。请你在（　　）里，按照分数的大小顺序填上号码，最大的分数是 1 号。

（　　）（　　）（　　）（　　）（　　）（　　）（　　）

答案：1. ① $\frac{1}{9}$、$\frac{5}{8}$、$\frac{7}{10}$；② 2、5、7、3、1、6、4。

2. 快乐的点心时间。

请回答下面的问题。用分数填写。

①如果用分数表示，15 分钟和 40 分钟各是几小时？

15 分钟是 □ 小时　40 分钟是 □ 小时

②蛋糕还剩下几块？　答 □ 块

③每人喝$\frac{1}{5}$升的牛奶，3 人一共喝多少升牛奶？

算式［　　］

答 □ 升

④篮子和橘子的全部重量是$\frac{6}{7}$千克。

篮子的重量是$\frac{1}{7}$千克。

橘子的重量是多少千克？

算式［　　］

答 □ 千克

答案：2. ①钟表上共有 12 格，15 分钟等于 3 格，所以是$\frac{3}{12}$（$\frac{1}{4}$）小时，40 分钟是$\frac{8}{12}$（$\frac{2}{3}$）小时；②$\frac{1}{4}$；③$\frac{1}{5}+\frac{1}{5}+\frac{1}{5}=\frac{3}{5}$，$\frac{3}{5}$。

⑤右图是绑蛋糕盒用的带子长度。算一算，带子有多长？

1 米

答 [ ] 米

⑥点心时间从下午 3 点开始，一共 $\frac{1}{3}$ 小时。点心时间结束时是几点几分？

12
点心时间

答 [ ]

⑦吃完点心后，还有 $\frac{2}{3}$ 小时的游戏时间。

从开始吃点心到游戏结束，一共有几小时？

点心时间 $\frac{1}{3}$ 小时

游戏时间 $\frac{2}{3}$ 小时

答 [ ] 小时

答案：④ $\frac{6}{7}-\frac{1}{7}=\frac{5}{7}$，$\frac{5}{7}$；⑤ $\frac{7}{8}$；⑥下午 3 点 20 分；⑦ 1。

加强练习

1. 有 1 个容器可以装满 1 千克的糖。

现在先装入$\frac{2}{7}$千克的糖。

后来又加了$\frac{4}{7}$千克的糖，但容器还未装满。如果要装满容器，必须再加进几千克的糖？

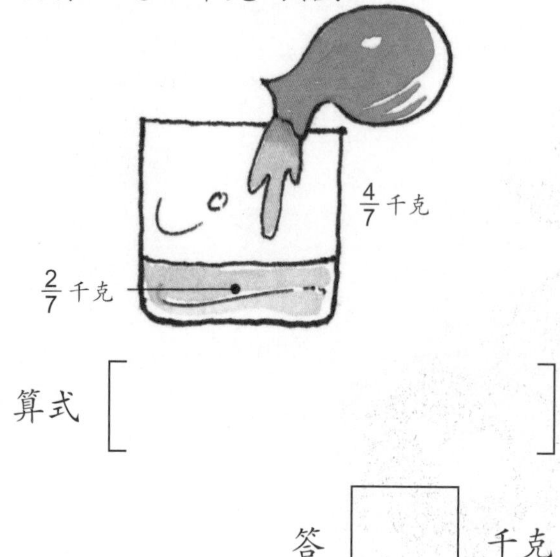

算式 [ ]

答 □ 千克

2. 看下图，比较 2 条带子的长度。哪一条带子比较长？长多少米？

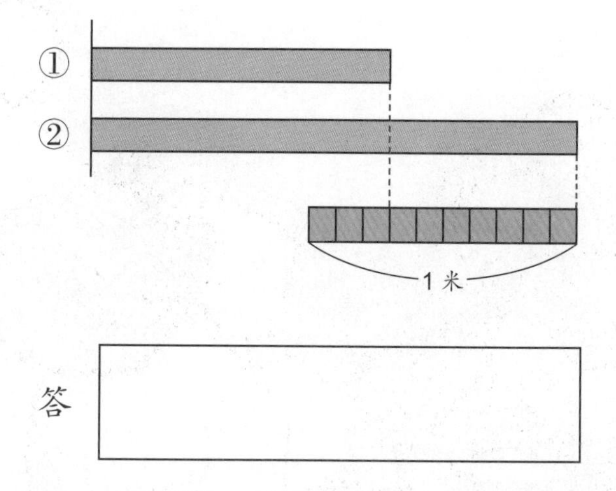

答 □

3. 把$\frac{5}{9}$米长的带子和$\frac{3}{9}$米的带子连接起来，连接处的长度是$\frac{1}{9}$米。连接后的带子全长有多少米？

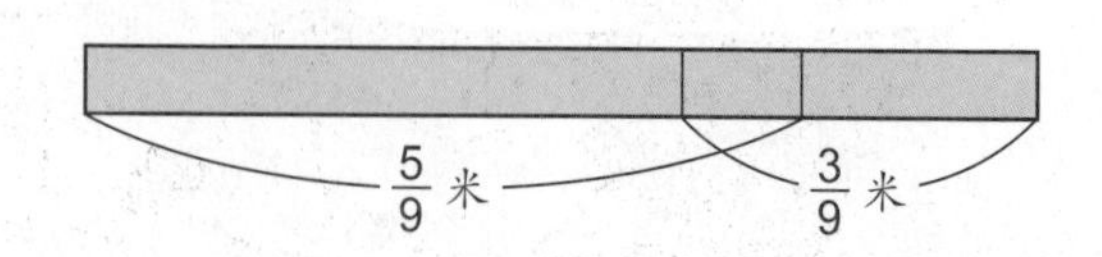

解答和说明

1. $\frac{2}{7}$千克加上$\frac{4}{7}$千克，装入的糖是$\frac{2}{7}+\frac{4}{7}=\frac{6}{7}$，一共是$\frac{6}{7}$千克。1 千克是$\frac{7}{7}$千克，即$\frac{7}{7}-\frac{6}{7}=\frac{1}{7}$。

答：必须再加入$\frac{1}{7}$千克的糖。

2. 看图可以得知哪一条比较长。数一数量尺的刻度便能算出带子②比带子①长了多少米。

答：带子②比带子①长$\frac{7}{10}$米。

3. 连接处的长度是$\frac{1}{9}$米。2 条带子原来长度相加是$\frac{5}{9}+\frac{3}{9}=\frac{8}{9}$（米）。

算式［　　　　　　　　　　］

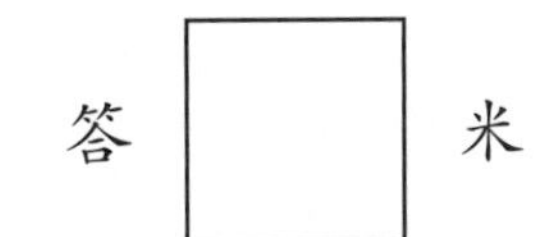

4. 蓝色水有$\frac{5}{6}$升，比红色水多$\frac{1}{6}$升，红色水有几升？

算式［　　　　　　　　　　］

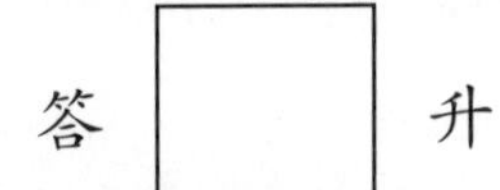

5. 有$\frac{10}{12}$升果汁。小玉和妹妹各喝了$\frac{4}{12}$升。剩余的果汁是多少升？

算式［　　　　　　　　　　］

答 □ 升

$\frac{8}{9}$米减去连接处的长度就是连接后的带子全长。

$\frac{5}{9}+\frac{3}{9}-\frac{1}{9}=\frac{7}{9}$　　答：连接后的带子全长有$\frac{7}{9}$米。

4. 蓝色水比红色水多$\frac{1}{6}$升。

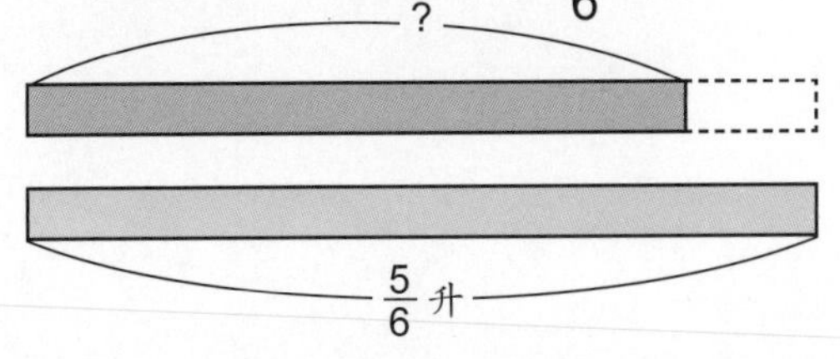

红色水是$\frac{5}{6}-\frac{1}{6}=\frac{4}{6}$（升）。

答：红色水有$\frac{4}{6}$升（$\frac{2}{3}$升）。

5. 先计算喝掉的果汁量。

2人各喝$\frac{4}{12}$升，所以$\frac{4}{12}+\frac{4}{12}=\frac{8}{12}$（升）是喝掉的果汁量。然后，从$\frac{10}{12}$升减去$\frac{8}{12}$升便可求出剩余的果汁量。

答：剩余的果汁是$\frac{2}{12}$升（$\frac{1}{6}$升）。

小数的基础

与整数、分数不同的表示法

变换单位来表示

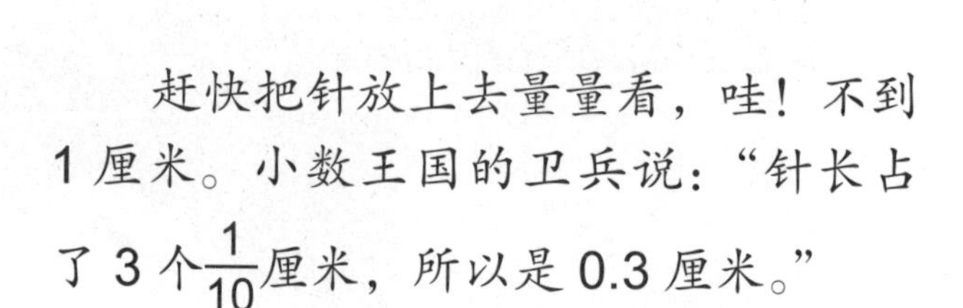

这里是小数的王国。当你进入这个王国的时候，任何一种物体的长度、重量和容积，都必须以这个国家专用的“尺”，重新加以测量，然后用小数来表示。

◉ 改变长度的表示法

首先来到小数王国的是一个肩上扛着缝衣针的小矮人，他的针有3毫米（mm）长。

但是，守在各关卡的卫兵手上拿的尺，却都是1厘米（cm）、2厘米、3厘米这样的刻度。于是，只能在每一厘米之间又划分成十等份，每一个小刻度都是$\frac{1}{10}$厘米。

赶快把针放上去量量看，哇！不到1厘米。小数王国的卫兵说：“针长占了3个$\frac{1}{10}$厘米，所以是0.3厘米。”

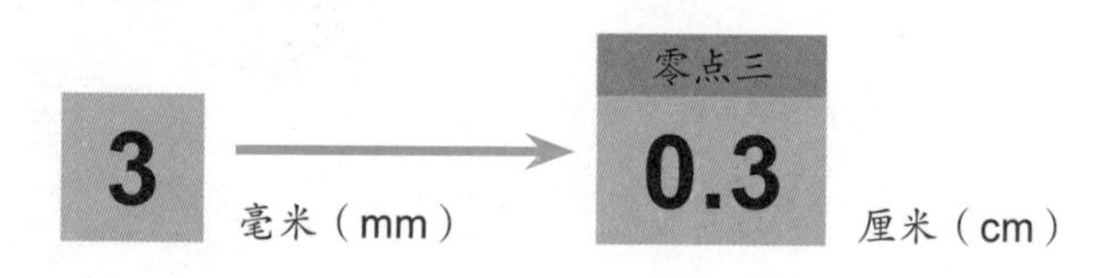

0.3读成零点三。0.3的“.”，叫作小数点，小数点的右边是小数部分，表示比1还小的数值。

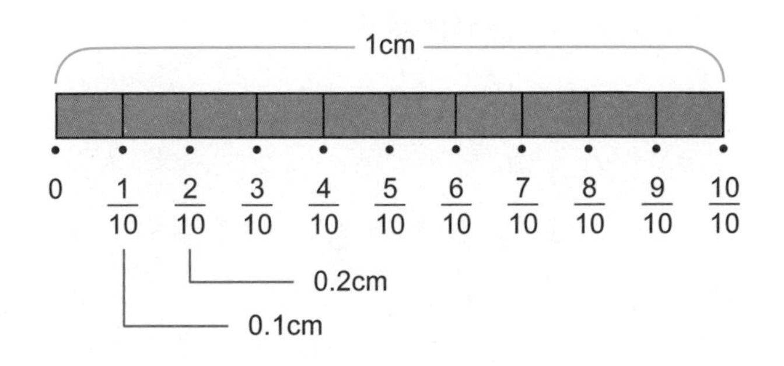

1mm 等于 1cm 的$\frac{1}{10}$，以 0.1cm 表示。

2mm 等于 1cm 的$\frac{2}{10}$，以 0.2cm 表示。

那么，1cm2mm，该怎么表示呢？2mm 等于 1cm 的$\frac{2}{10}$，以 0.2cm 来表示，所以 1cm 2mm，以 cm 为单位，就是 1.2cm。

2cm……2……整数

$\frac{1}{10}$cm……$\frac{1}{10}$……分数

0.3cm……0.3……小数

除了前面我们所学到的整数和分数，现在我们又知道还有小数的表示法。

学习重点

①变换单位，了解和整数不同的表示法。

②小数的加法和减法。

改变容积的表示法

这一次，是另一个王国的两个小矮人，争论着自己所卖颜料的多少。

这时，关卡的卫兵拿来了一个容量为 1 升的量筒，决定测量看一看。和尺一样，量筒上 1 升的刻度之间又被划分成十等份，每一个刻度都是$\frac{1}{10}$，也就是小数 0.1。

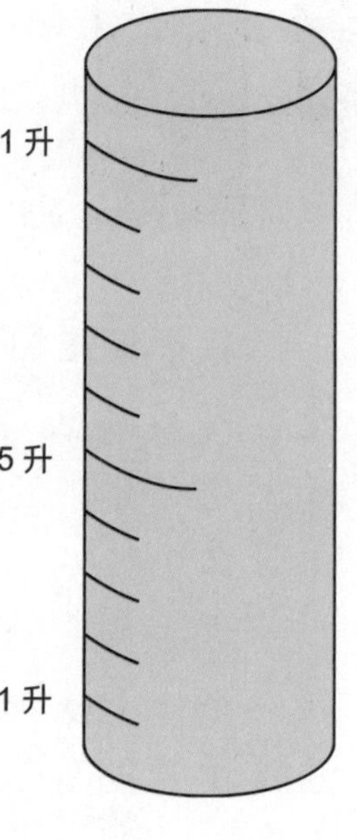

把这两人的颜料分别倒进两个2升容量的量筒中，一量就知道谁的比较多了。

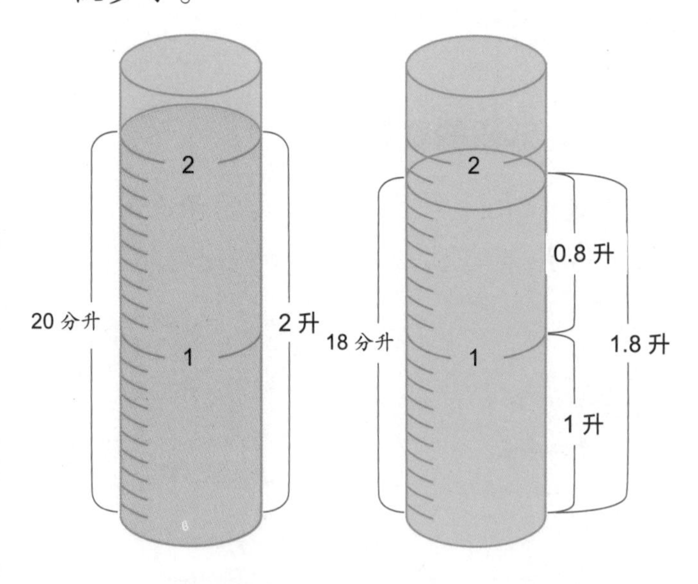

2升表示2个1升，18分升表示有1个1升，再加上0.8升。

要比较2升和1.8升的大小，只要把它们的整数和小数的数位对齐，就知道哪个比较大了。

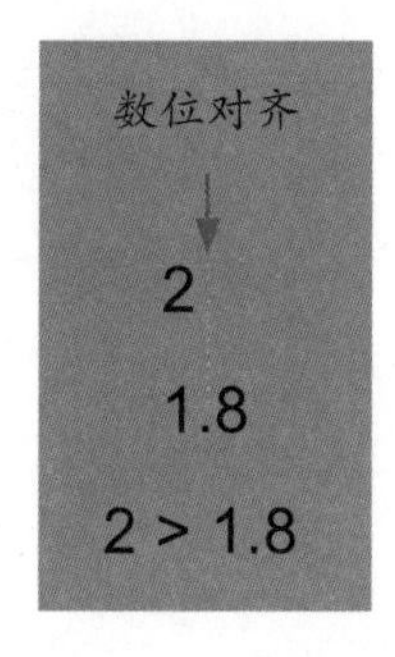

以相同单位的数目作比较，要比以单位不同的数目作比较来得容易。

※ 备注：

中华人民共和国国务院1997年5月颁发的《中华人民共和国计量管理条例（试行）》规定，我国的基本计量制度是米制（即“公制”）……目前保留的市制，需逐步改革。

1升（l）=10分升（dl）=1000毫升（ml）

小数和数线

从小数王国的公园入口处一直往里走，可以发现像上图一样竖着许多牌子。想一想，没有数字的牌子，应该写上什么小数呢？

这些竖立的牌子，都是以0.2的间距一个一个地加上去的，所以0.6后面应该接0.8。

0.8之后再加0.2就等于1，因此第5个牌子要写上1，而第7个牌子当然就是1.4了。

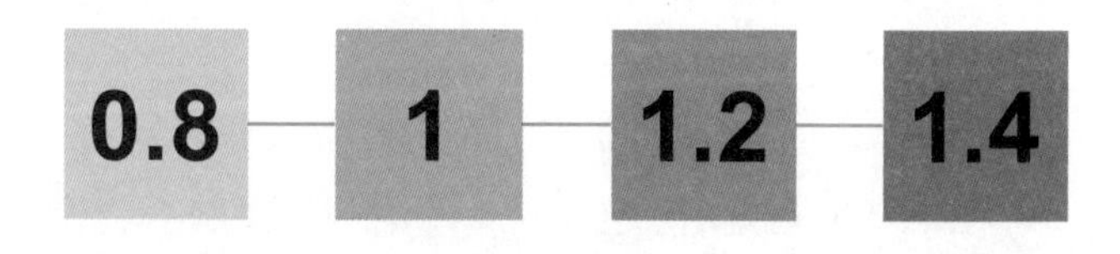

以前，我们所学的数线上只有整数，若加上小数刻度的数线，就成了以下这样的了。

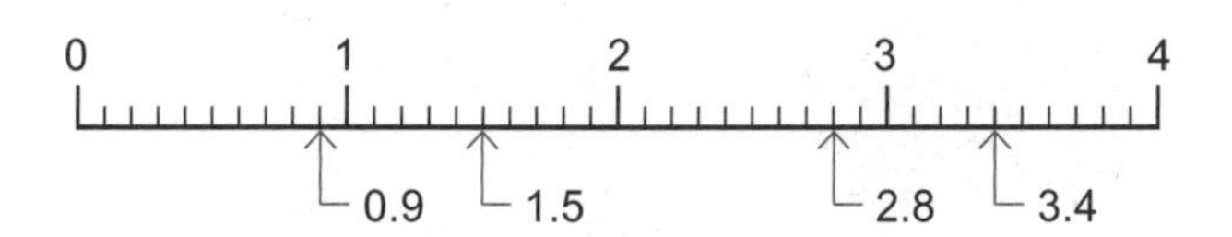

- **0.9 是比 1 小 0.1 的数。**
- **1.5 是把 1 和 0.5 合起来的数。**
- **2 和 0.8 合起来的数就是 2.8。**
- **比 3 大 0.4 的数就是 3.4。**

◉ 以重量来思考

小数王国的商店里，卖各种土产。下面每一个饼干袋子上都写了 0.3kg。

0.3 是 0.1 的 3 倍，0.1 是 1 的 $\frac{1}{10}$，所以 0.3 就是 1 的 $\frac{3}{10}$，0.3kg 也就是 1kg 的 $\frac{3}{10}$。

2 个 0.3kg 等于 0.1kg 的 6 倍，也就是 0.6kg。3 个 0.3kg 等于 0.1kg 的 9 倍，也就是 0.9kg。

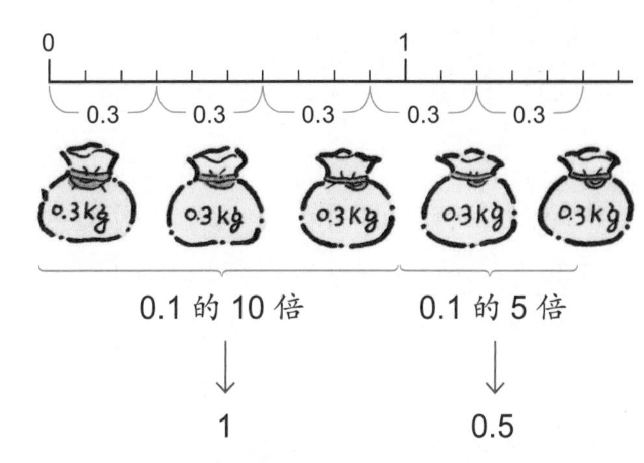

- **10 个 0.1 等于 1。**
- **15 个 0.1 等于 1.5。**
- **20 个 0.1 等于 2。**
- **2.4 就是有 24 个 0.1。**

小数和整数一样也有数位，要记下来哦。

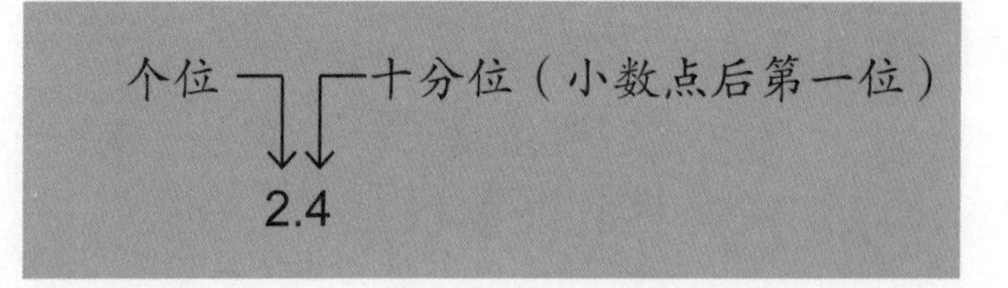

整数个位的 $\frac{1}{10}$，就是十分位（小数点后第一位）。十分位的 10 倍就是整数的个位。

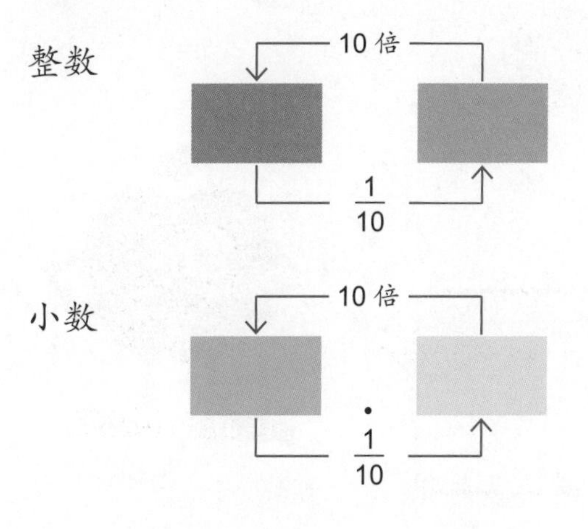

小数相邻数位的十进关系，也和整数相邻数位的十进关系一样。

用小数来表示

轮到小莉和小明担任小数王国关卡的卫兵了。他们必须检查所有来到小数王国的人所背负的行李，并且重新以小数来表示。在这里，我们就把小数王国的几项规矩整理归纳如下：

1. 小数只能用一个单位来表示，小数数位则以小数点“.”来表示。

2. 把相当于$\frac{1}{10}$大小的数写成0.1。

3. 小数部分为0的时候，就以原来的整数来表示。

4. 只有小数部分而没有整数部分的数，则个位写为0，如0.1、0.8等，这些数称为纯小数。

不久，布庄的老板来了，他把布匹展开。

布匹的长度为3m 80cm，如果以m为单位来表示的话，1m的$\frac{1}{10}$是10cm，10cm就是0.1m，因此3m 80cm就是3m加上0.8m，等于3.8m。真不容易啊，得数出来了。

10m 50cm 以 m 为单位来表示，50cm 是 0.5m，因此 10 个 1m 加上 0.5m，等于 10.5m。

另外还有一卷 420cm 长的缎带，也必须把它换成以 m 为单位。1m 为 100cm，因此百位上的数 4 就代表 4m。20 则是 4 右边的十分位。于是 420cm=4.2m。

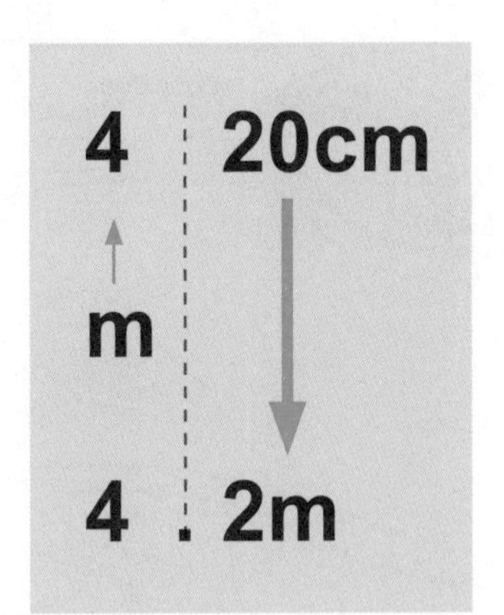

这一次来的是麦芽糖的老板。麦芽糖的罐子上写着 3kg 200g。我们要把它转化成用 kg 为单位来表示。

1kg=1000g。

1kg 的$\frac{1}{10}$是 100g，也就是 0.1kg，因此，

100g=0.1kg。

3kg 200g=3.2kg。

原来 10.5m 长的缎带，卖得只剩下 3.8m。

3.8m 是 3m 加 0.8m 的和。

0.8m 就是 80cm。

3.8m = 380cm

m ——（3）；10cm ——（8）（3m80cm）

麦芽糖只剩下 0.3kg 了。0.3kg 是 1kg 的$\frac{3}{10}$。1kg 的$\frac{1}{10}$为 100g。

0.3kg = 300g

kg ——（0）；100g ——（3）

再一次整理看一看。

※10m 50cm 要转化成以 m 为单位时，要移动个位数右边的小数点，就成了 10.5m。

※0.3kg 中，0 所在的数位表示 1kg（1000g），因此 0.3kg 就是 300g。

小数的加法和减法

在小数王国中，我们学习了许多种小数的表示法。现在就根据这张小数王国的引导图，来制订一个参观小数王国的计划。

◉ 小数的加法

● **从上图小数王国的入口处，经过公园再走到礼堂，总共要走多少千米（km）呢？**

从小数王国的入口处到公园要走 1.5km，从公园走到礼堂要走 1.2km。

把 1.5km+1.2km 列成竖式来计算。如果以 m 为单位，答案为 2700m，也就是 2.7km。

$$\begin{array}{r} 1500 \\ +\ 1200 \\ \hline 2700 \end{array}$$

如果以 km 为单位来计算，如右式，小数点要对齐，并且要从低位数开始计算。

得数为 2.7km。

$$\begin{array}{r} 1.5 \\ +\ 1.2 \\ \hline 2.7 \end{array}$$

※ 在笔算小数的加法时，小数点要对齐，数位排列整齐，并且要从低位数开始计算。

● **从小数王国的入口处经过游乐场，再走到礼堂，一共需走多少千米？**

列算式为 1.2km+2.8km。

右边竖式的得数 4.0 和 4 相同，因此可以把“0”省略，写成 4 即可。

$$\begin{array}{r} 1.2 \\ +\ 2.8 \\ \hline 4.0 \\ (4.\not{0}) \end{array}$$

像这样，如果得数的小数点以后只有“0”，对数的大小没有影响，因此可以用线划掉。

- **从小数王国的入口处经过游乐场，再直接走到车站的路程是多少千米（km）呢？列算式为 1.2km+ 8km。**

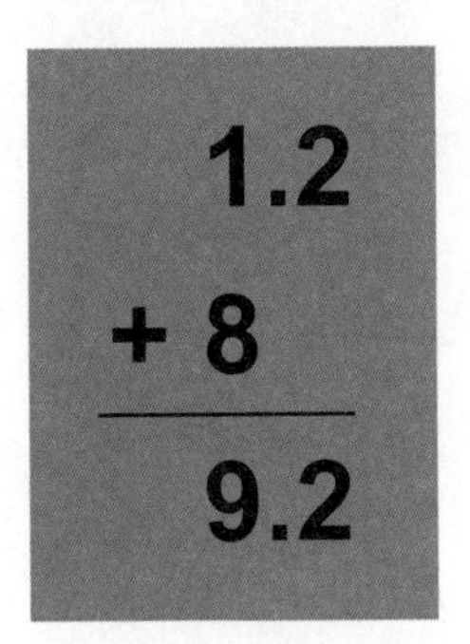

8 是个位数，因此数位对齐就如右上的竖式一样，等于 9.2km。

如果像这个竖式一样，把整数 8 排列在最右边来计算的话就错了。

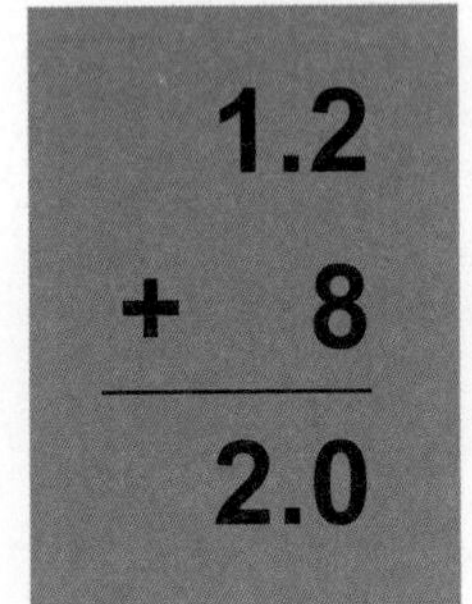

◉ 小数的减法

从车站到游乐场，以及从车站到学校，其中相差多少 km 呢？列成减法的算式就成了 8km−7.2km。

$$\begin{array}{r} 8 \\ -\ 7.2 \\ \hline \end{array}$$

小数的减法也要对齐数位，从低位数开始计算。这个算式就要从十分位算起。被减数 8，没有十分位。因此看成 0−2，必须从个位借 1 过来，十分位就成了 10−2=8，十分位的答案是 8。

$$\begin{array}{r} 8.0 \\ -\ 7.2 \\ \hline 0.8 \end{array}$$

被减数的个位上的数被借走了 1，因此变成 7−7=0，在个位上写 0，再添加上小数点。于是我们就可以知道从车站到游乐场，比从车站到学校远 0.8km。

同样，我们也可以计算从车站到游乐场，和从车站到礼堂的路程相差多少。

列成算式为 8km−6.3km=1.7km。

$$\begin{array}{r} 8 \\ -\ 6.3 \\ \hline 1.7 \end{array}$$

整　理

（1）比 1 小的数，可以使用小数点“.”，以小数来表示。

（2）12.3 的 3 这个数字的数位，叫作十分位（小数点后第一位）。

（3）0.1 是 1 的 $\frac{1}{10}$，0.1 的 10 倍是 1。小数点右边的第一位（十分位）是左边数位的 $\frac{1}{10}$，而左边数位则是右边数位的 10 倍。

巩固与拓展

整 理

1. 小数的意义

（1）把 1 平均分成 10 等份，每 1 份（1 的$\frac{1}{10}$）可写成 0.1，读作“零点一”。

1 的十分之三（$\frac{3}{10}$）等于 0.3，1 的十分之七（$\frac{7}{10}$）等于 0.7。

（2）2 和 3 之间还有 2.1、2.4、2.7……的数。

（3）像 0.1、0.7、2.4……这样的数叫作小数。

使用小数可以把“零头、尾数”也表示出来。

（4）像 0、1、2、5……这样的数叫作整数。

试一试，来做题。

1. 小明和小朋友们在为明天的运动会做准备。

想一想并回答下面的问题。

①小明帮忙剪纸带，每条纸带的长度一样。纸带的长度是几米？看下图这条纸带，回答问题。

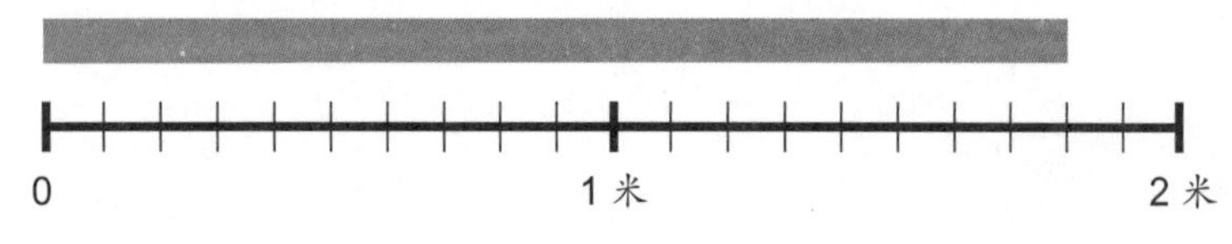

答 ______ 米

2. 小数的结构

（1）下面是小数位的计算方法。

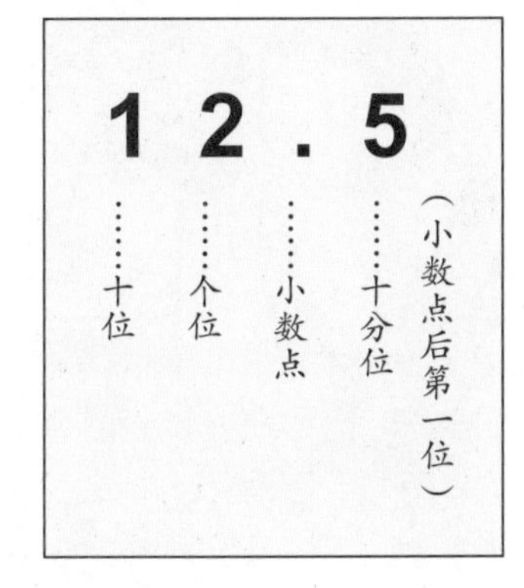

小数和整数的数位算法相同，小数点左边的数位是小数点右边数位的 10 倍，小数点右边的数位是小数点左边数位的$\frac{1}{10}$。

① 5 个 0.1 是 0.5，10 个 0.1 是 1 或 1.0。

② 2.3 是 2 和 0.3 的总和，也可以说是 0.1 的 23 倍。

（2）只要改变单位，利用小数也可以表示长度、重量和容积。

3. 小数的加法、减法

（1）计算小数时，如果以 0.1 为单位，计算方法和整数相同。此外，小数的进位、退位也和整数一样。

（2）小数的加法、减法的例题

24+17=41 ➡ 2.4+1.7=4.1

以 0.1 为单位的话，那么，

2.4 ➡ 24，1.7 ➡ 17，24+17=41

4.1 是 41 个 0.1，所以 2.4+1.7=4.1。

小数减法的计算方法和加法的相同，可以拿 0.1 作为计算时的单位，例如：

32−18=14 ➡ 3.2−1.8=1.4

②小英剪了许多长方形的纸片制作题目卡和答案卡，每张纸片的长是 7.5 厘米，宽是 3.2 厘米。请问长比宽多几厘米？

答案：1. ① 1.8；② 7.5−3.2=4.3，4.3。

2. 今天是运动会。

小朋友们正忙着捡题目卡和答案卡，然后向终点跑去。

下面是小明和小朋友们捡到的题目卡。请把答案填在答案卡里。

		（答案卡）
小明	个位上的数是 6，小数点后边第一位是 5 的数是多少？	
小华	由 9 个 0.1 相加的数是多少？	
小强	比 1.7 小 0.6 的数是多少？	
小刚	在 1.3（　　）0.8 的算式中，括号里应该填哪一种不等号？	
小君	700 米是多少千米？	

答案：2. 小明：6.5；小华：0.9；小强：1.1；小刚：>；小君：0.7 千米。

（答案卡）

小辉	0.1 的 46 倍是多少？	
小良	0.5+0.8 等于多少？	
小仁	5.3+0.9 等于多少？	
小盛	3.7−2.5 等于多少？	
小昭	6.3−0.4 等于多少？	
小清	4.2−3.7 等于多少？	

答案：小辉：4.6；小良：1.3；小仁：6.2；小盛：1.2；小昭：5.9；小清：0.5。

解题训练

■ 小数的加法。

1

右图是小明从家里步行到学校的路线。

请问小明从家里到学校一共步行了多少千米？（道路的宽度不算）

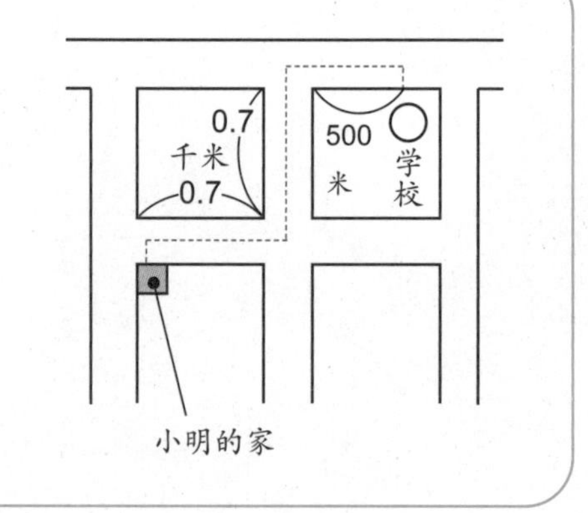

◀ 提示 ▶
想一想，500 米是多少千米？

解法：道路的宽度不算，所以小明步行的全部路程是 2 个 0.7 千米加 500 米。500 米等于 0.5 千米，所以步行的全部路程是：

0.7+0.7+0.5=1.9（千米）

答：小明从家里到学校一共步行了 1.9 千米。

■ 由较小的数求出较大的数。

2

小华和哥哥一起挖红薯。

小华挖得的红薯重量是 4.8 千克，比哥哥的少 1.3 千克。

请问哥哥挖得的红薯重量是多少千克？

◀ 提示 ▶
想一想，哥哥挖的红薯多还是小华挖的红薯多。

解法：小华挖得的红薯重量比哥哥的少 1.3 千克，所以哥哥挖得的红薯重量比小华的多 1.3 千克。哥哥挖得的红薯重量是：

4.8+1.3=6.1（千克）

答：哥哥挖得的红薯重量是 6.1 千克。

■ 18.5+ □ =25 的计算训练。

3

小玉在学校的游泳池中游了 18.5 米。小玉还要游多少米才能游完 25 米的全程？

◀ 提示 ▶
已经游完的距离加上剩余的距离等于 25 米。

解法：小玉游完的距离加上剩余的距离一共是 25 米，所以从 25 米减去游完的距离，就是剩余的距离。

25−18.5=6.5（米）

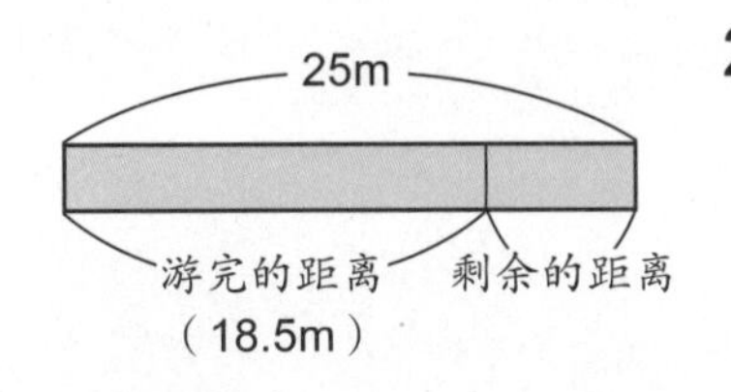

答：小玉还要游 6.5 米才能游完 25 米的全程。

■ 计算重叠部分的长度。

4

把 3.7 米的绳子和 2.8 米的绳子连接起来，连接后的绳子全长是 6.3 米。打结的地方是多少米？

◀ 提示 ▶
打结连接后的长度是 6.3 米。打结后绳子的长度和未打结的 2 根绳子的全长比较，哪个比较长？为什么少了呢？

解法：未打结的 2 根绳子的全长是 3.7 米加上 2.8 米，等于 6.5 米。6.5 米减去打结处的绳子长度后剩下 6.3 米，所以 6.5 米和 6.3 米的差也就是打结处的绳子长度。

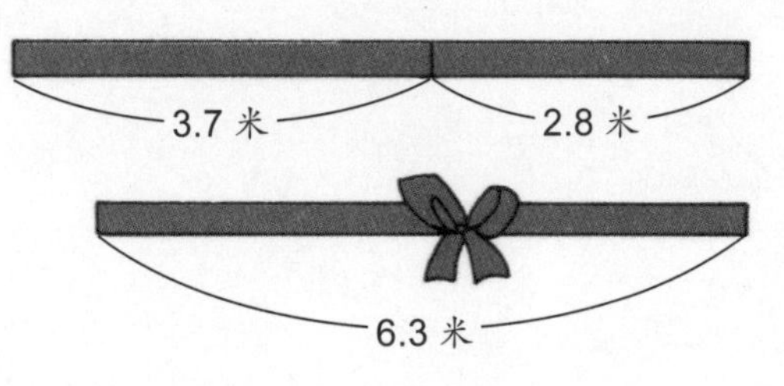

3.7+2.8=6.5（米）

6.5−6.3=0.2（米）

答：打结的地方是 0.2 米。

步印童书馆 编著

北京市数学特级教师 丁益祥
北京市数学特级教师 司梁
『卢说数学』主理人 卢声怡
联袂力荐

小牛顿数学分级读物

第三阶 3 时间 图形 图表

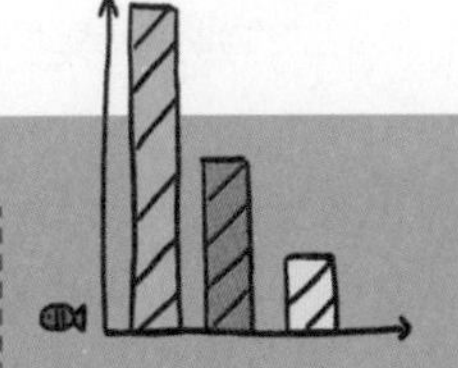

中国儿童的数学分级读物
培养有创造力的数学思维

讲透原理 → 系统进阶 → 思维转换

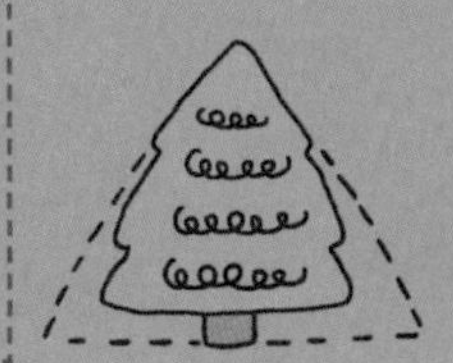

电子工業出版社
Publishing House of Electronics Industry
北京·BEIJING

图书在版编目（CIP）数据

小牛顿数学分级读物. 第三阶. 3, 时间　图形　图表 / 步印童书馆编著. -- 北京 : 电子工业出版社, 2024.6

ISBN 978-7-121-47634-1

Ⅰ. ①小… Ⅱ. ①步… Ⅲ. ①数学－少儿读物 Ⅳ. ①O1-49

中国国家版本馆CIP数据核字(2024)第068412号

特别鸣谢本书组稿策划人郑利强先生。

责任编辑：赵　妍　季　萌
印　　刷：当纳利（广东）印务有限公司
装　　订：当纳利（广东）印务有限公司
出版发行：电子工业出版社
　　　　　北京市海淀区万寿路173信箱　邮编：100036
开　　本：889×1194　1/16　　印张：13.75　　字数：276千字
版　　次：2024年6月第1版
印　　次：2024年6月第1次印刷
定　　价：80.00元（全4册）

凡所购买电子工业出版社图书有缺损问题，请向购买书店调换。若书店售缺，请与本社发行部联系，联系及邮购电话：（010）88254888，88258888。

质量投诉请发邮件至zlts@phei.com.cn，盗版侵权举报请发邮件至dbqq@phei.com.cn。

本书咨询联系方式：（010）88254161转1860，jimeng@phei.com.cn。

目录

时钟与时刻

认识时刻与时间

◉ 找寻时刻与时间的方法

坐上童话镇的小火车，上午 11 点从岚峰开出。看一看下面的数线，调查一下时刻与时间。

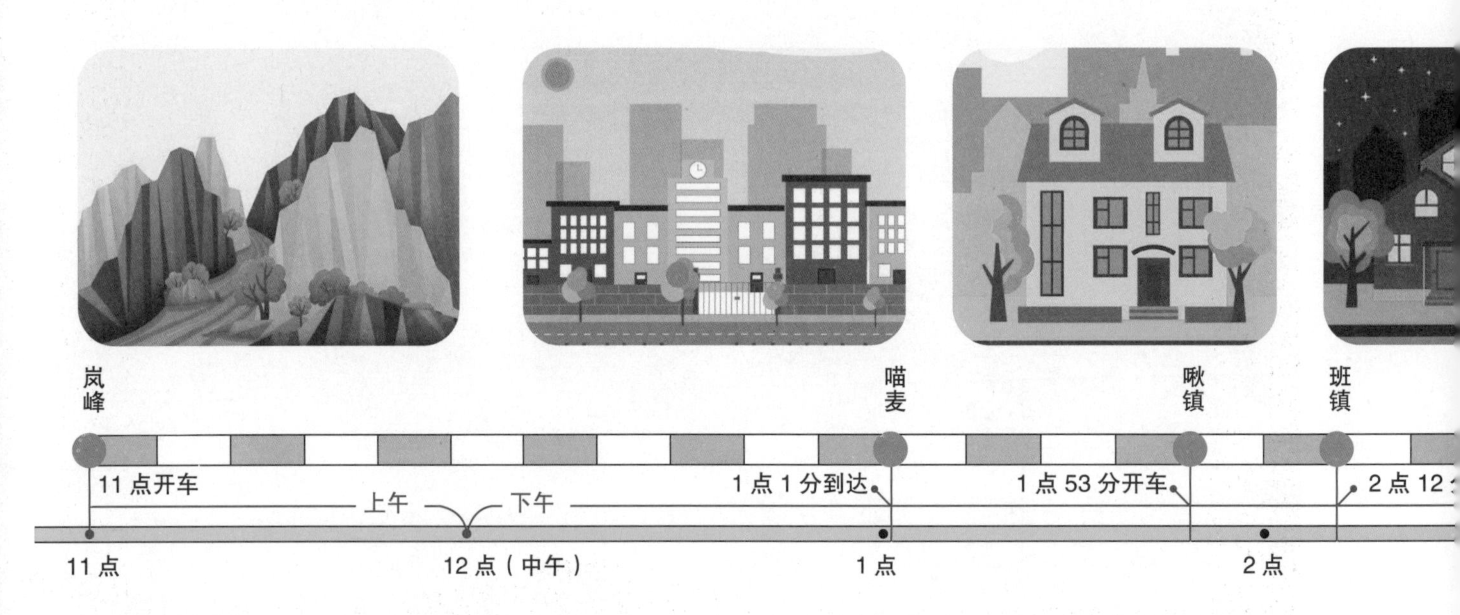

①11 点从岚峰开出的小火车，下午 1 点 1 分到达喵麦。你知道从岚峰到喵麦花了多少时间吗？

从 11 点到 12 点是 1 个小时，从 12 点到下午 1 点 1 分是 1 个小时 1 分钟，加起来等于 2 个小时 1 分钟。

②下午 1 点 53 分从啾镇开出的小火车，经过 17 分钟到达班镇。你知道是几点几分到达班镇的吗？

从下午 1 点 53 分到下午 2 点中间有 7 分钟。17 分钟减去 7 分钟，还剩下 10 分钟。所以是下午 2 点 10 分到达班镇的。

学习重点

①看着时钟认识时刻，计算时间。
②短时间的单位。

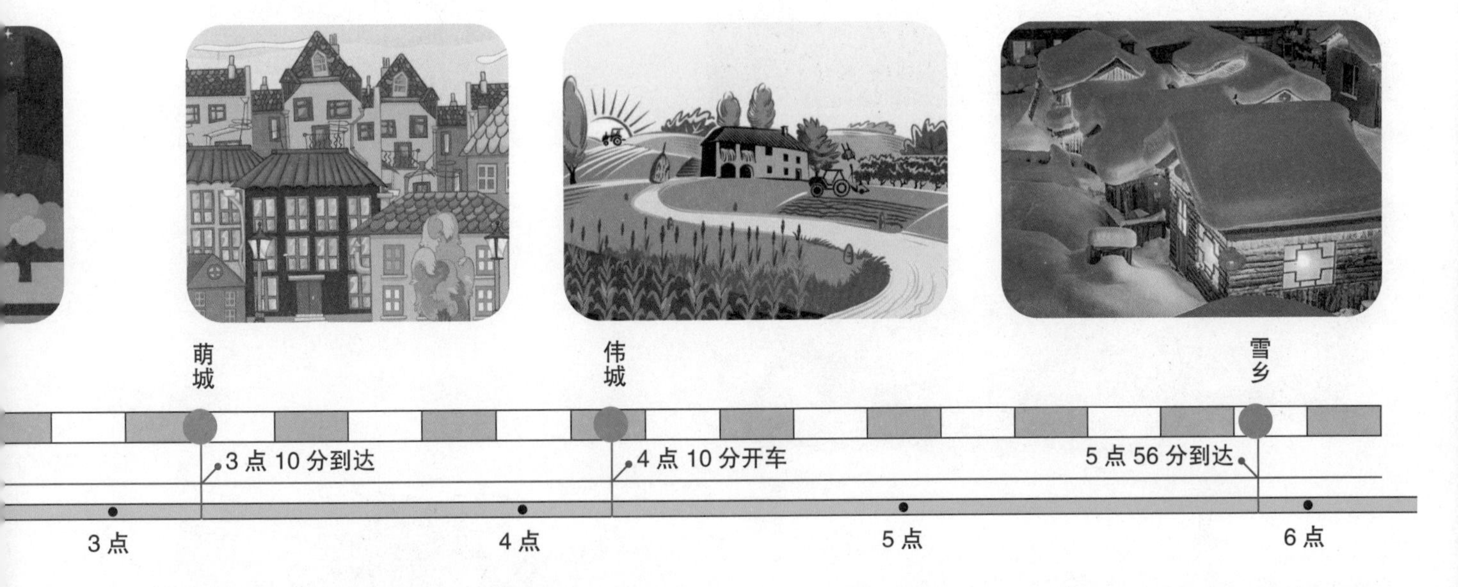

③下午2点12分从班镇开出的小火车，经过58分钟到达萌城。你知道是几点几分到达萌城的吗？

从下午2点12分经过60分钟，是下午3点12分。因为58分钟比60分钟少2分钟，所以是下午3点10分到达萌城的。

④下午4点10分从伟城开出的小火车，下午5点56分到达雪乡。你知道从伟城到雪乡花了几小时几分钟吗？

从下午4点10分到5点10分是1个小时，下午5点10分到5点56分是46分钟，加起来等于1个小时46分钟。

◉ 短时间的单位

◆ 你知道比 1 分钟还短的时间叫什么吗？

发射火箭的时候

100 米赛跑

赛车比赛

游泳比赛

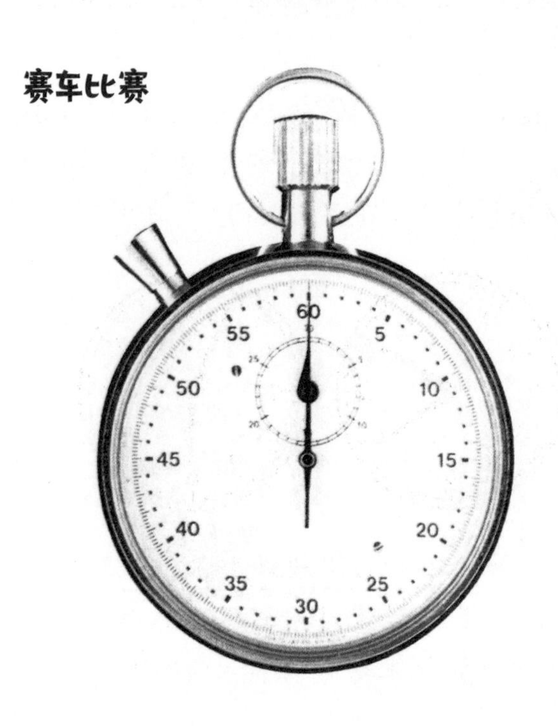

※ 比 1 分钟还短的时间称为秒。60 秒等于 1 分钟。

1 分钟 =60 秒

※ 以秒作为计时单位时，使用秒表比较方便。

◆ 算一算时间

问题 1

绕运动场跑 1 圈，小芳需要 40 秒，玲玲需要 45 秒。

她们所需的时间相差几秒？

◆ 用数线想一想。

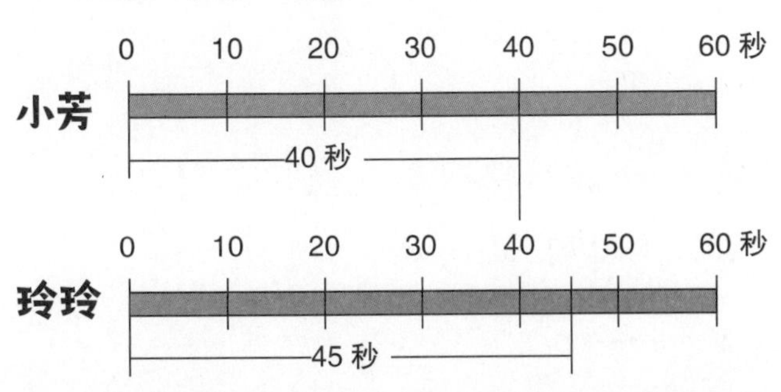

用数线作比较，因为玲玲跑 1 圈需要 45 秒，所以，玲玲比小芳多花了 5 秒。

综合测验

①上午 10 点 15 分经过 20 分后是什么时刻？

② 120 秒、180 秒各等于几分？另外，4 分是多少秒？

答案：① 10 点 35 分；② 2 分，3 分，240 秒。

问题 2

骑自行车到书店，小志需要用 1 分 58 秒，小伟需要用 2 分 5 秒。谁需要多花几秒？

◆ 用数线想一想，求的是下图的哪一段？

1 分 58 秒到 2 分之间有 2 秒，2 分到 2 分 5 秒之间有 5 秒，加起来等于 7 秒。所以，小伟多花了 7 秒。

整　理

（1）看着时钟的钟面数字盘，再参考时刻的数线，计算时刻或时间会比较容易。

（2）短时间用秒计算。

巩固与拓展

整 理

1. 秒

比 1 分钟小的时间单位是秒。60 个 1 秒就等于 1 分钟。

1 分钟 =60 秒

1 分 20 秒等于 80 秒。

2. 时刻

（1）时刻是指钟表面上长针和短针所指的位置。

（2）正午 12 点和下午的开始时刻相同，所以又叫作下午 0 点。

（3）午夜 12 点就是凌晨 0 点。

试一试，来做题。

1. 小明放学回家后先吃点心，然后花了 35 分钟做功课，做完功课的时间是 4 点 10 分。接着，小明和朋友打棒球，玩了 1 小时 15 分钟。

上午0点20分（也就是下午12点20分）

3. 小时

（1）时刻和时刻之间就是时间。

（2）钟表上的长针每转1圈就是走了1个小时。

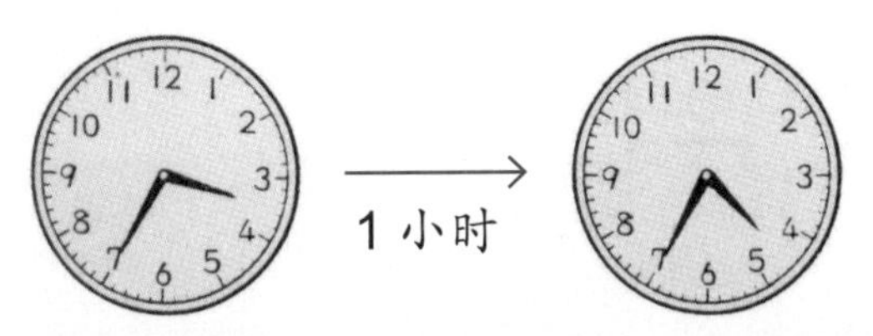

（3）钟表上的长针每转半圈就是走了30分钟。

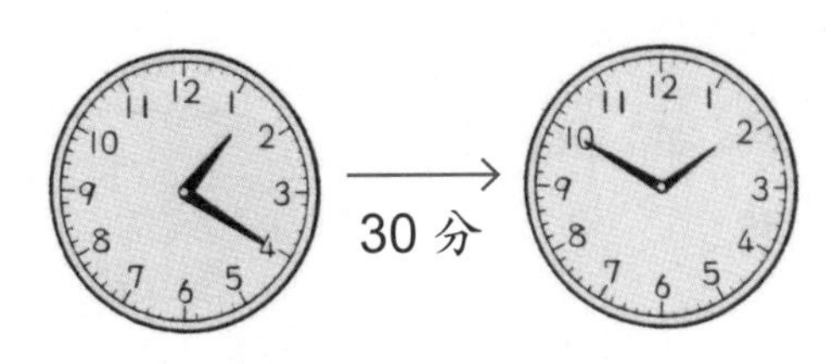

（4）钟表上的短针每1小时可以走1个大刻度。

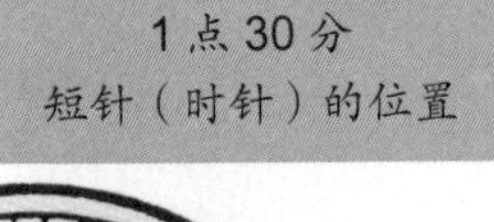

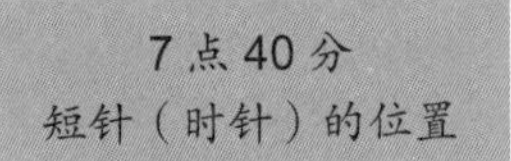

---

①小明放学回到家是几点几分？在右图上画出长针和短针。

②在下面的□里填写b开始做功课的时间，和p打完棒球回家的时间。并且在图上画出长针和短针。

b

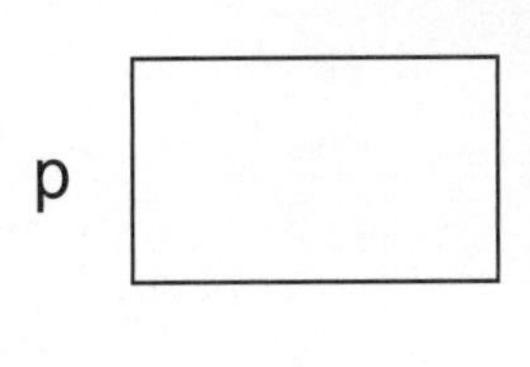

p

答案：1. ①；②b. 下午3点35分，p. 下午5点25分。

解题训练

■ 时间单位的练习。

1 下面的①、②、③通常采用哪个时间单位？填一填。

①用餐的时间 **35** □

② 50 米短跑的时间 **11** □

③在学校的时间 **7** □

◀ 提示 ▶

想一想，①、②、③大概各需花费多少时间。

解法：以日常生活必须花费的时间作为参考。

答：①分；②秒；③小时。

■ 比较时间的长短。

2 右表是 4 名学生做计算练习所花费的时间。请按照速度的快慢顺序把学生的名字列出来。

名字	时间
小英	68 秒
小玉	1 分 6 秒
小美	1 分 23 秒
小娟	42 秒

◀ 提示 ▶

利用同样的单位来计算。1 分等于 60 秒。

解法：把全部的时间改成同样的单位，例如，1 分 6 秒等于 66 秒，1 分 23 秒等于 83 秒。

答：按照速度快慢的排序是：小娟、小玉、小英、小美。

■ 求出正确的时刻。

3 小华和朋友约好3点20分在公园碰面。

小华家到公园需要花费25分钟。

请问小华必须几点几分从家里出发才能准时到达公园？

◀ 提示 ▶
用数线表示钟表的刻度就可以算出时间。

解法：小华从家里出发的时间是3点20分的25分钟前。

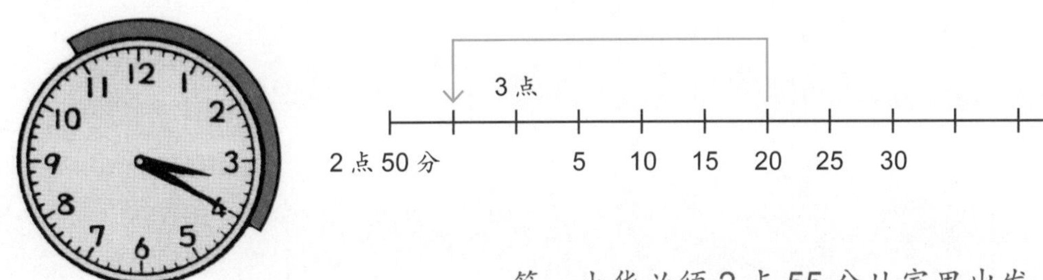

答：小华必须2点55分从家里出发。

■ 求出时间的长短。

4 餐厅开放的时间是上午11点55分到中午12点40分。请问餐厅开放的时间一共有多少分钟？

◀ 提示 ▶
上午和下午分开来计算。

解法：画出数线并计算答案。

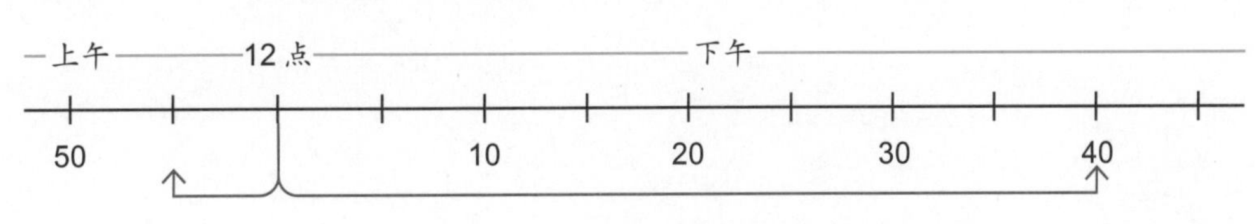

答：餐厅开放的时间一共有45分钟。

各种图形

圆与球

◉ 圆的中心

小人国的汤姆和他的朋友们在玩套圈游戏，可是，套圈台放的位置有点儿奇怪。仔细观察一下到底是什么地方奇怪呢？

要怎样来决定圆的中心呢？

学习重点

①圆的画法，查一查圆心、半径与直径。

②直径是半径的2倍，圆周是直径的大约3倍。

甲或乙当作中心有点儿奇怪。丙也好像有点儿奇怪。

那么，圆的中心到底在哪儿呢？

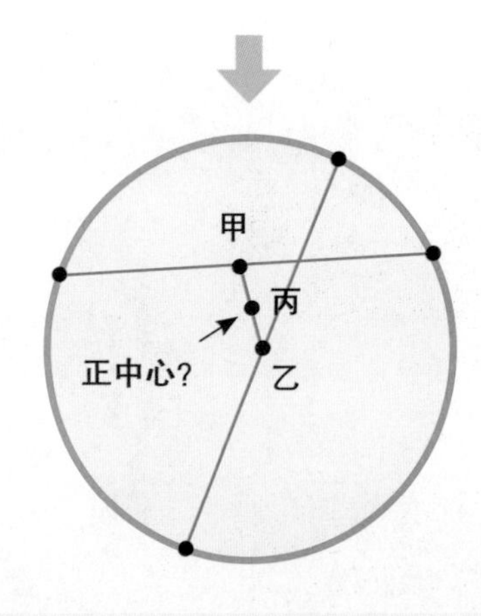

※ 不论从圆周上的哪一点到圆点的距离都一样长。这个点就叫“圆心”。

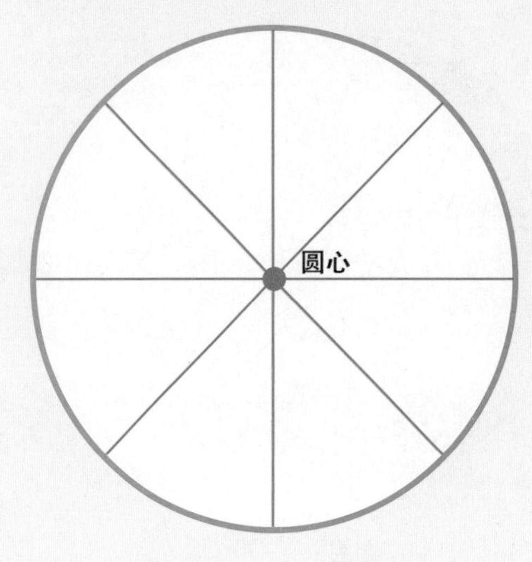

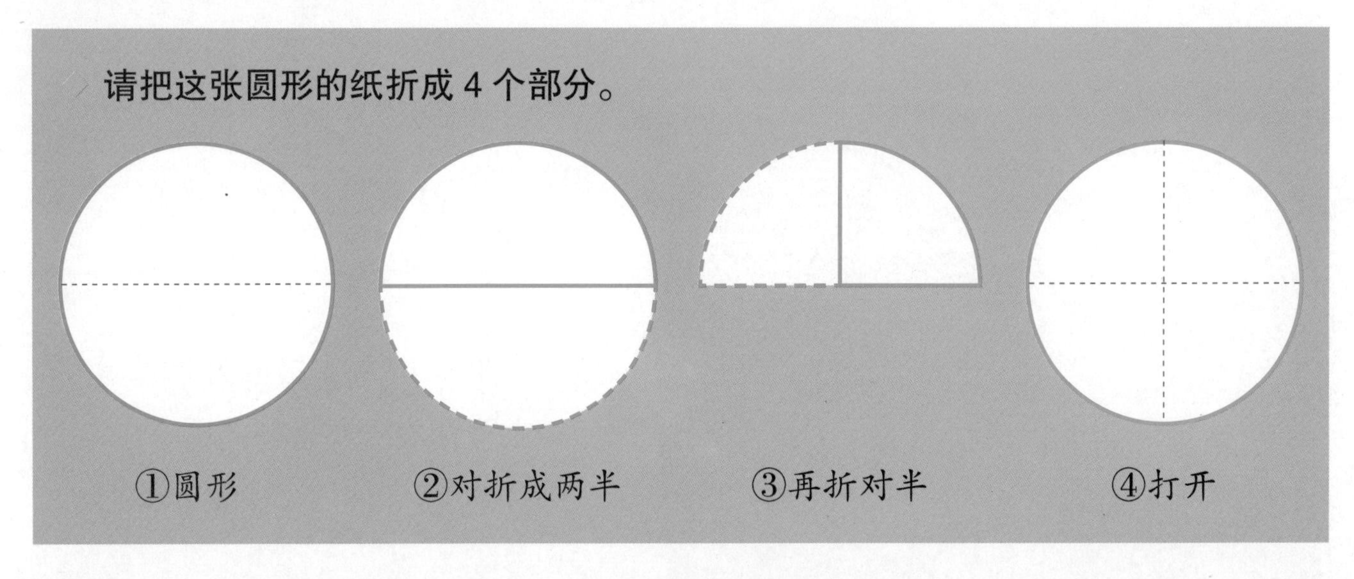

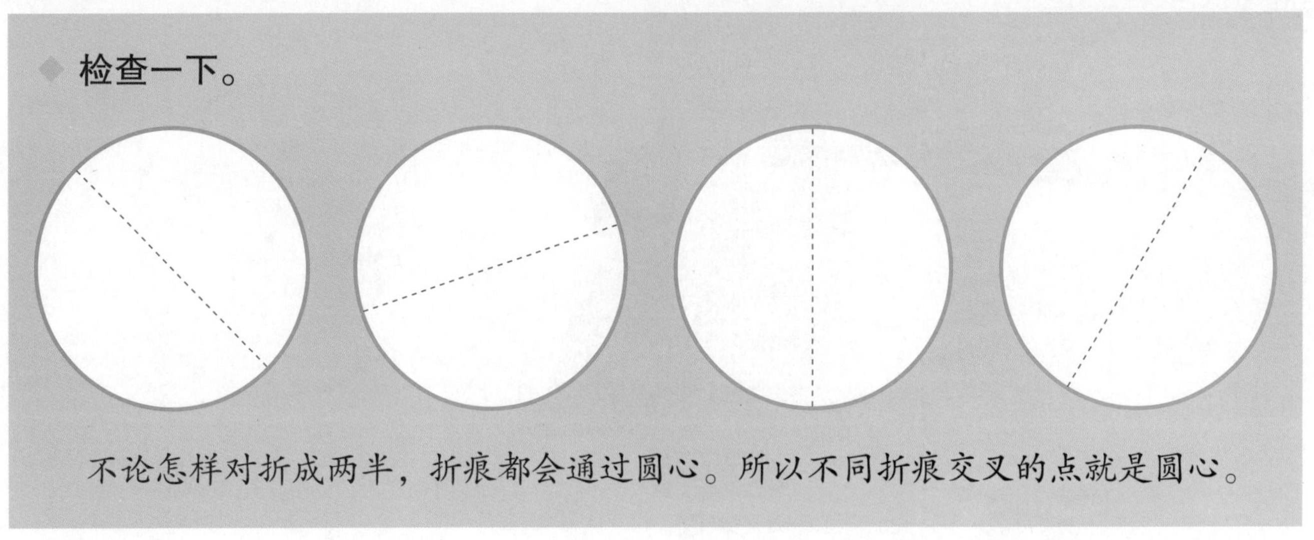

不论怎样对折成两半，折痕都会通过圆心。所以不同折痕交叉的点就是圆心。

综合整理

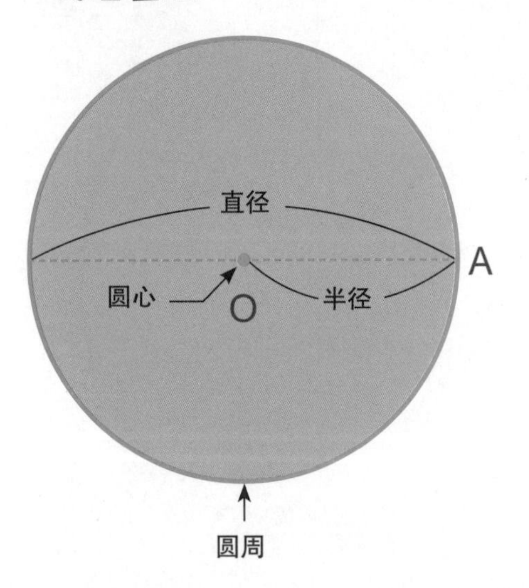

※ 线段 OA 绕着它固定的一个端点 O 画出一条封闭曲线，就是一个圆。这个点 O 称为圆心。这条封闭的曲线称为圆周。

※ 从圆周上的任意一点到圆心的线段称为半径；通过圆心，两端在圆上的线段称为直径。

※ 直径等于半径的 2 倍。

※ 直径是连接圆上两点的线段中最长的。

圆周的长度

	小明 画的圆	小华 画的圆	小强 画的圆	小龙 画的圆
直径的长度	4m	5m	6m	7m
圆周的长度	约 12m	约 15m	约 18m	约 21m
圆周是直径的几倍？	约 12÷4=3 倍	约 15÷5=□ 倍	约 18÷6=□ 倍	约 21÷7=□ 倍

思考一下，不论什么圆形，圆周的长度都是直径的大约 3 倍吗？

◆ 现在用你身边现有的物品，探寻圆周和直径的关系。

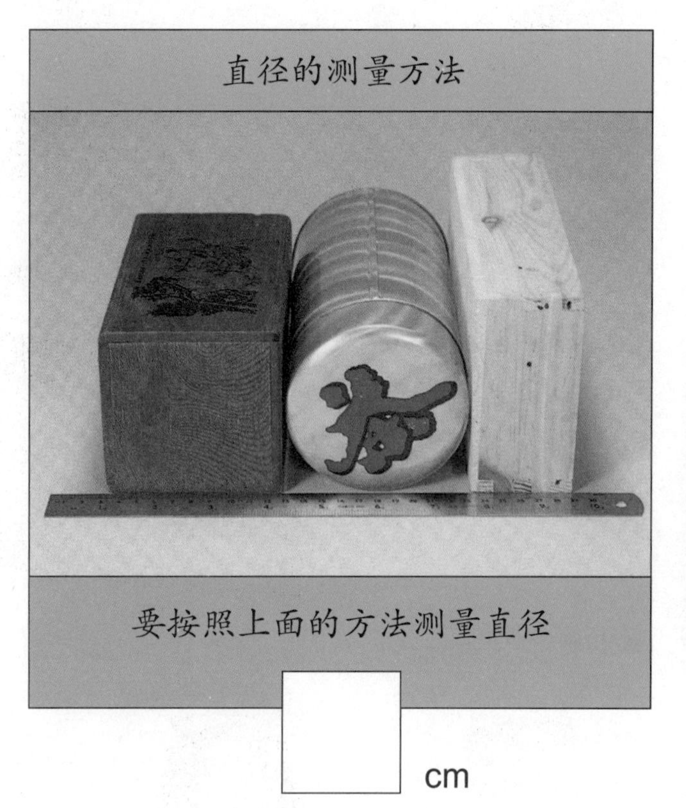

◆ 圆周的长度是不是直径的大约 3 倍？

整　理

不论什么圆形，圆周的长度都是直径的大约 3 倍。

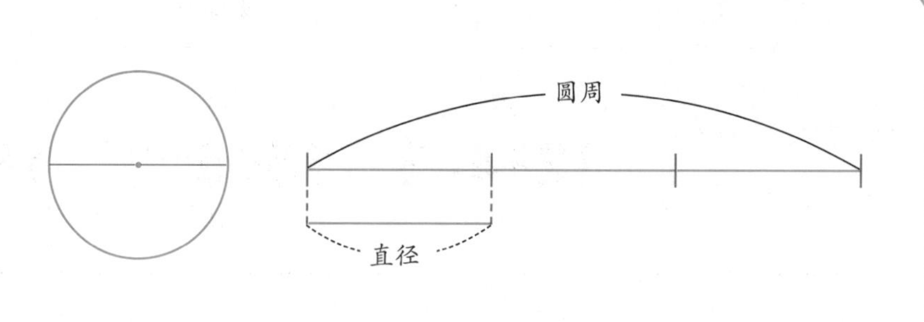

圆规的使用方法

把直线画成每段 4 厘米

如右图所示，把圆规打开 4 厘米，将带有钢针的一只脚固定，转动带有铅笔的另一只脚。然后，轻轻地画出 4 厘米的线段，这样，即使不用尺，用圆规也能画出 4 厘米的线段。

圆的画法

如下图所示，圆规打开的长度就等于圆的半径。

用拇指和食指抓着圆规的头，两根手指一捻，像上面画线段那样，圆规便会转动。

动脑时间

想一想，谁会比较快？

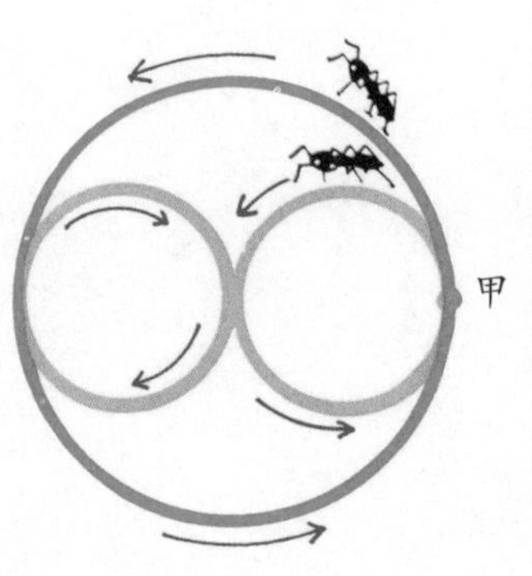

速度一样的两只小蚂蚁同时从甲地出发。请问，谁会先回到甲地？大圆的直径是 5 厘米。

答案：两只小蚂蚁同时回到甲地。

◉ 画各种图样

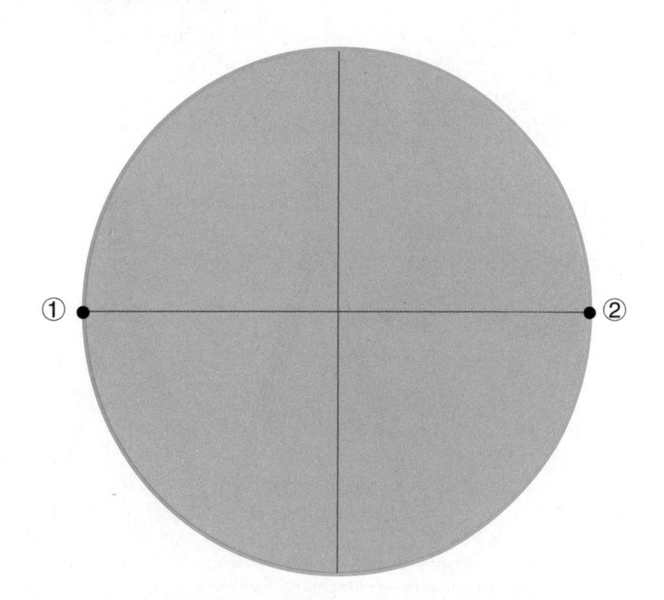

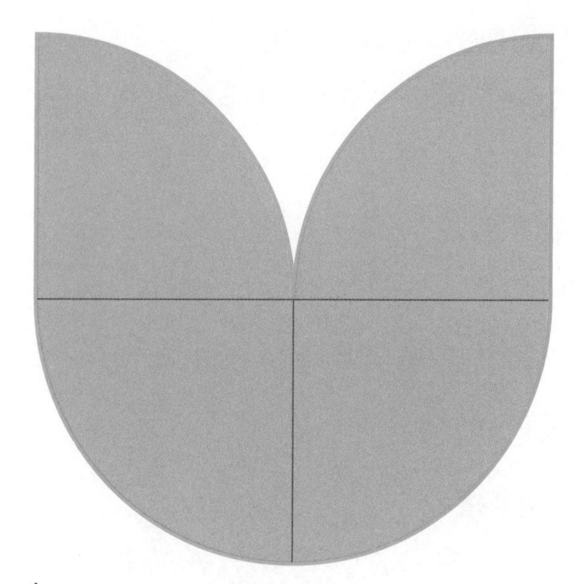

以①、②为圆心，分别画一个半径相同的 $\frac{1}{4}$ 圆，就会出现一朵郁金香。

大小一样的 3 个圆组合

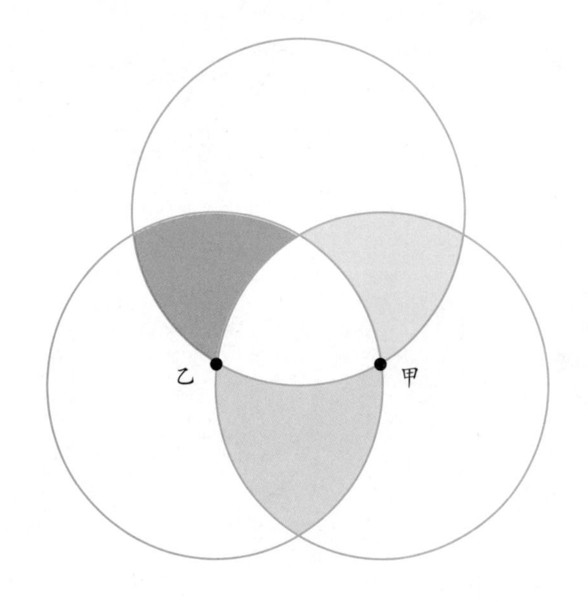

以上面那个圆的圆周上点甲为圆心画一个圆，再以两个圆周的相交点乙为圆心另画一个圆就可以了。

大圆和小圆的组合

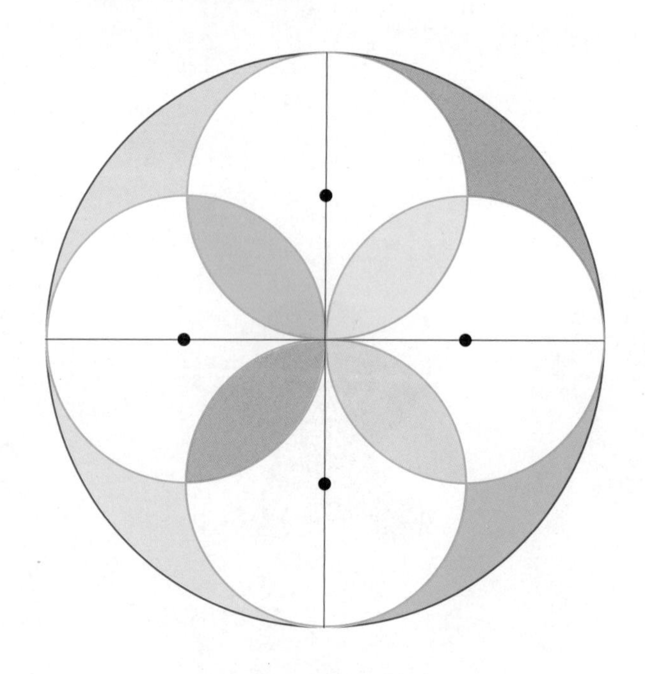

也可以把小圆放大。涂上自己喜欢的颜色，就是一个美丽的图案。

◉ 球

想一想，球是什么形状？

如图所示的形状称为球，球跟圆很像，有球心、半径、直径。圆是平面图形，球是立体图形

※ 把球平均分成两半，那么，截面圆的圆心就是球的球心。

※ 从球心到球面上任意一点的线段就是半径。

※ 半径的 2 倍等于直径。

各种三角形

三角形的分类

童话国的国王，派人造了各种三角形的花圃。现在，让我们来看一看有哪些三角形以及三角形的分法吧！

◉ 根据边分类

学习重点

①不等边三角形、等腰三角形、等边三角形边长和角的关系。

②不等边三角形、锐角三角形、直角三角形、钝角三角形的关系。

③三角形的分类。

①　②　③　④　⑤　⑥　⑦　⑧　⑨

2 个边长相等的

3 个边长相等的

边长都不一样的

※ 2 个边长相等的三角形称为等腰三角形，相等的两边叫作腰，不相等的那条边叫作底。

※ 3 个边长和 3 个角的大小都相等的三角形，称为等边三角形。

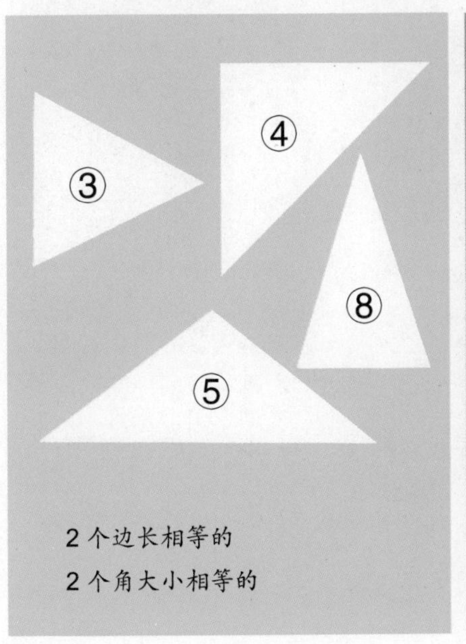

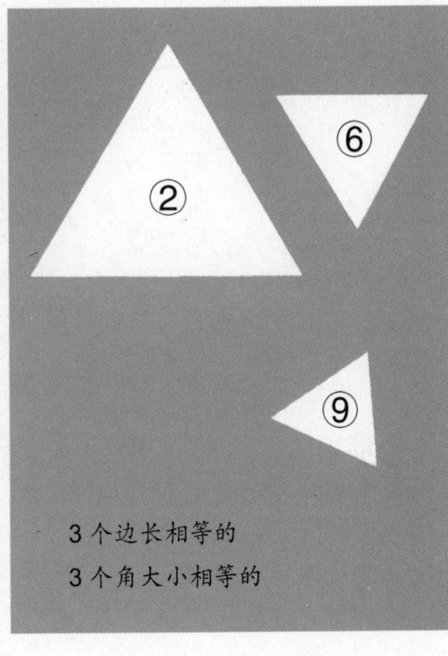

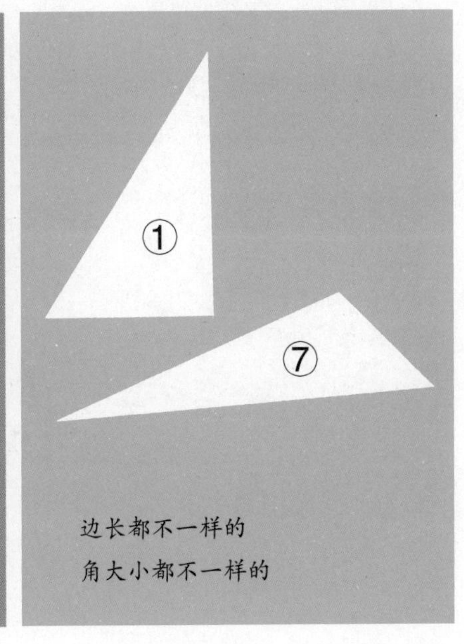

◉ 等腰三角形、等边三角形

◆ 用折纸制作等腰三角形、等边三角形。

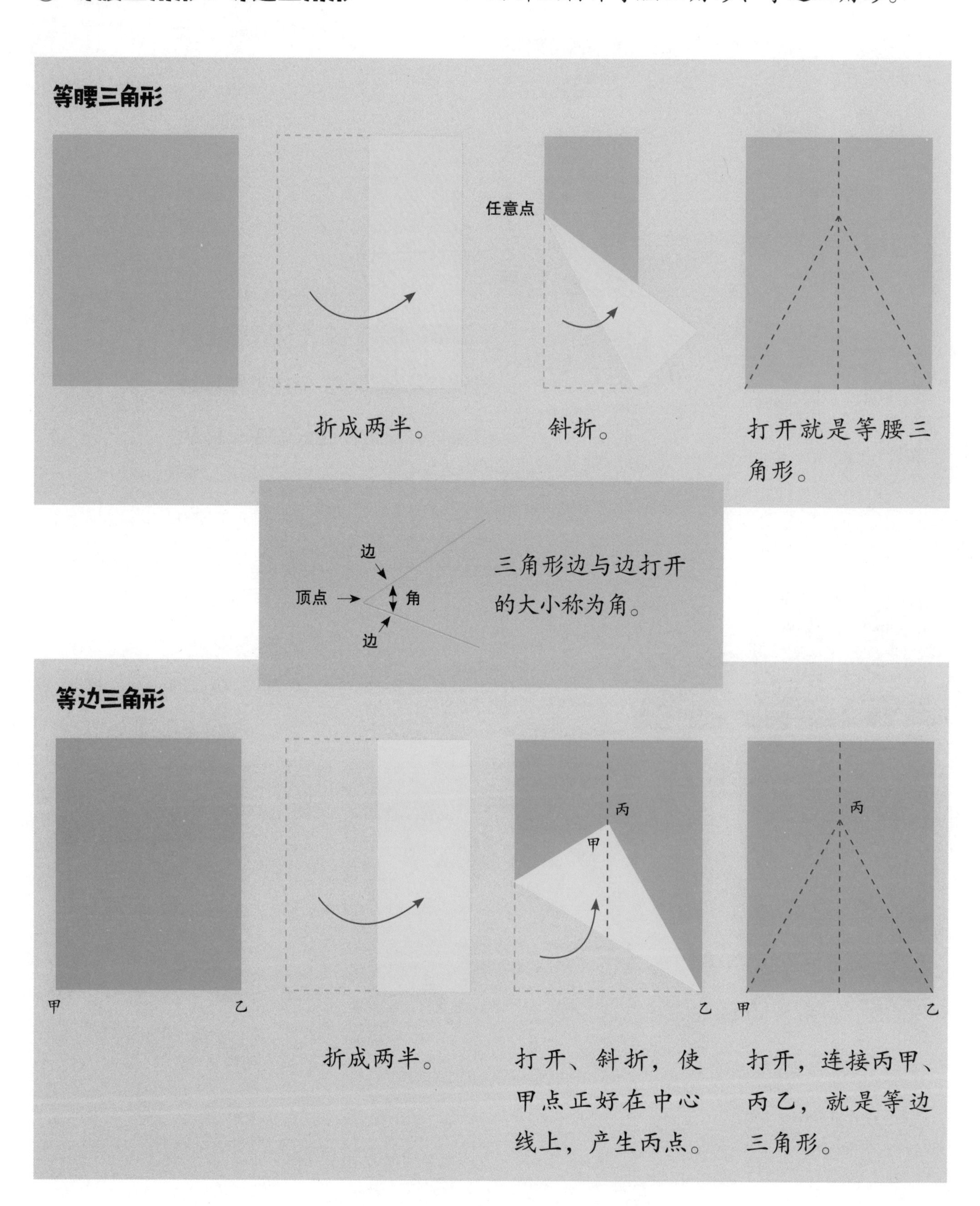

三角形的画法

大家用圆规画三角形看一看。

① 利用圆来画等腰三角形的画法。

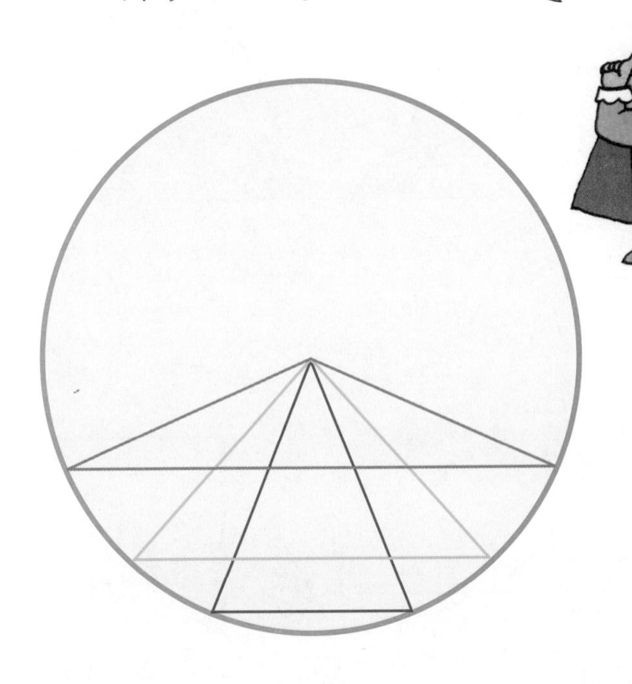

※ 用圆规画，可以得到各种等腰三角形。

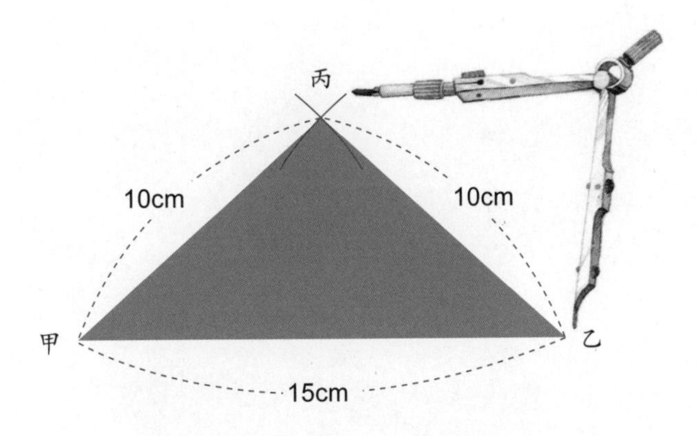

甲乙边长为15厘米，将圆规打开10厘米，再以甲和乙为圆心，各画一个弧形，两个弧形相交于丙点。把丙和甲、丙和乙连起来就是等腰三角形。

②用圆规来画正三角形的画法。

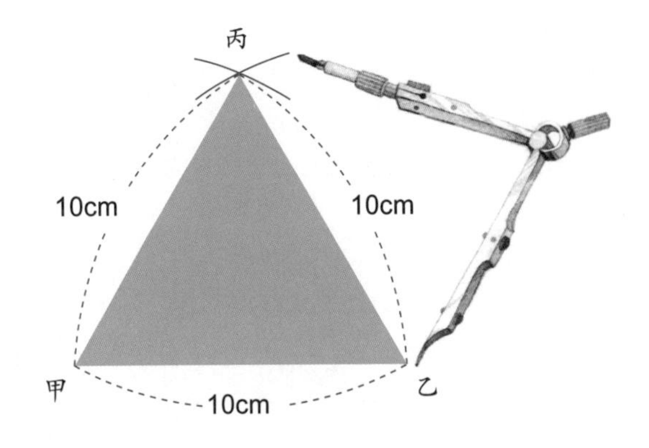

甲乙边长为10厘米，再分别以甲和乙为圆心，用圆规画半径为10厘米的圆弧，并交于丙点，将丙和甲、丙和乙连起来就是等边三角形。

综合整理

※ 2个边长相等、2个角大小相等的三角形，称为等腰三角形。

※ 3个边长和3个角大小都相等的三角形，称为等边三角形。

● **用三角板画各种形状**

用两副三角尺中的两个三角板拼或画。

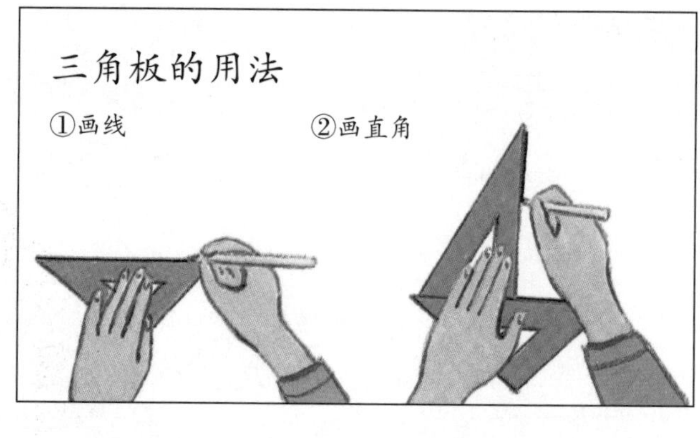

正方形

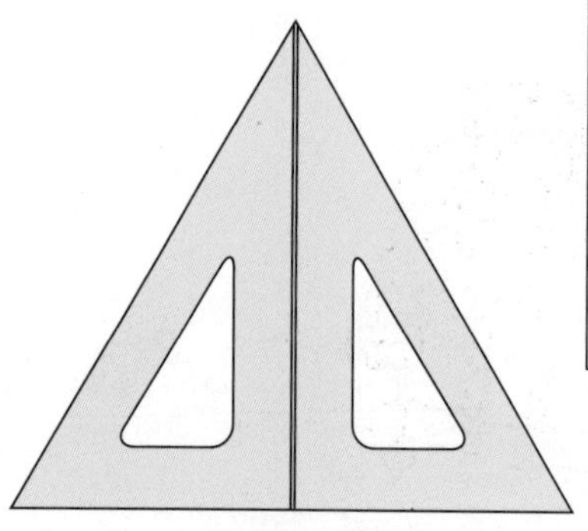

等腰三角形

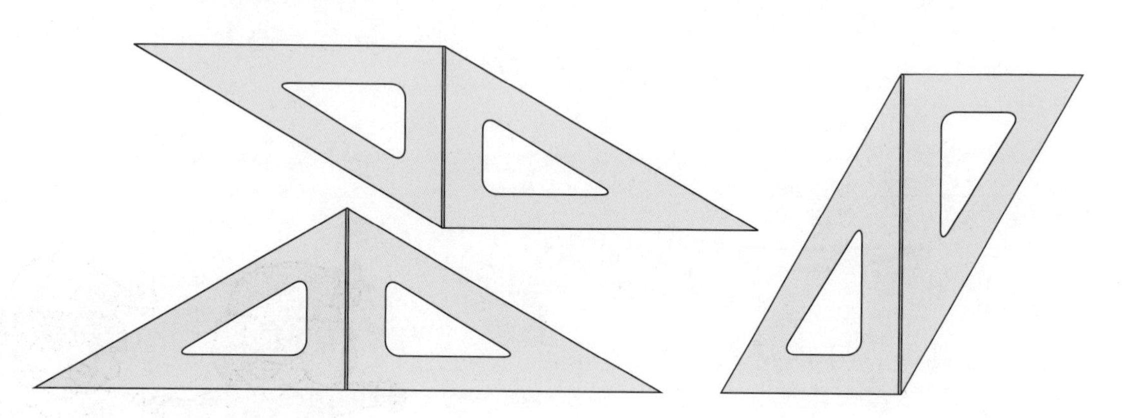

◆ 用彩色纸照着三角板做出的许多直角等腰三角形和直角三角形，可以拼出各种图样。

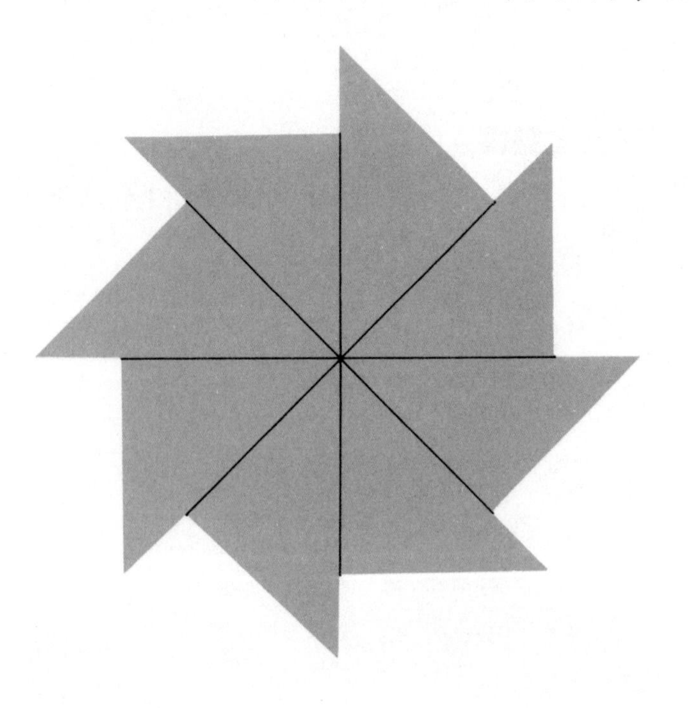

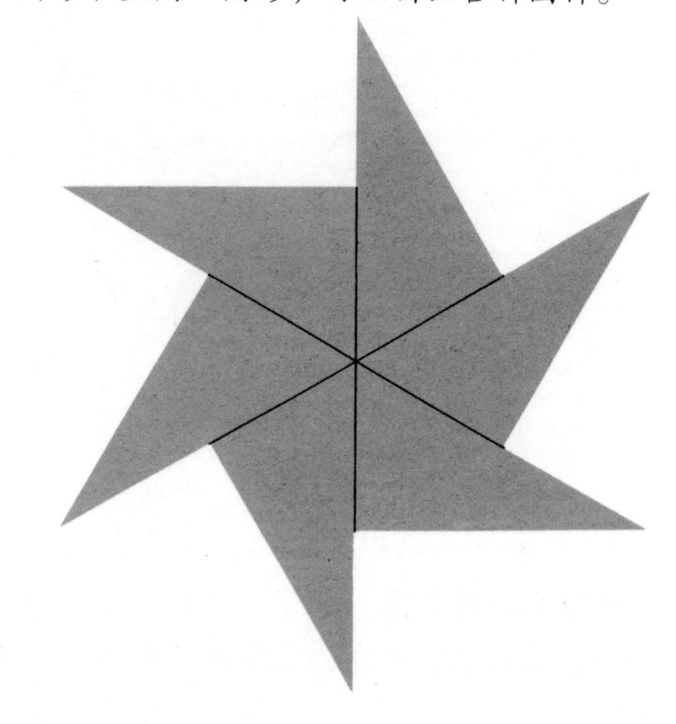

◆ 用小方格纸，可以很容易画出等腰三角形或直角三角形。

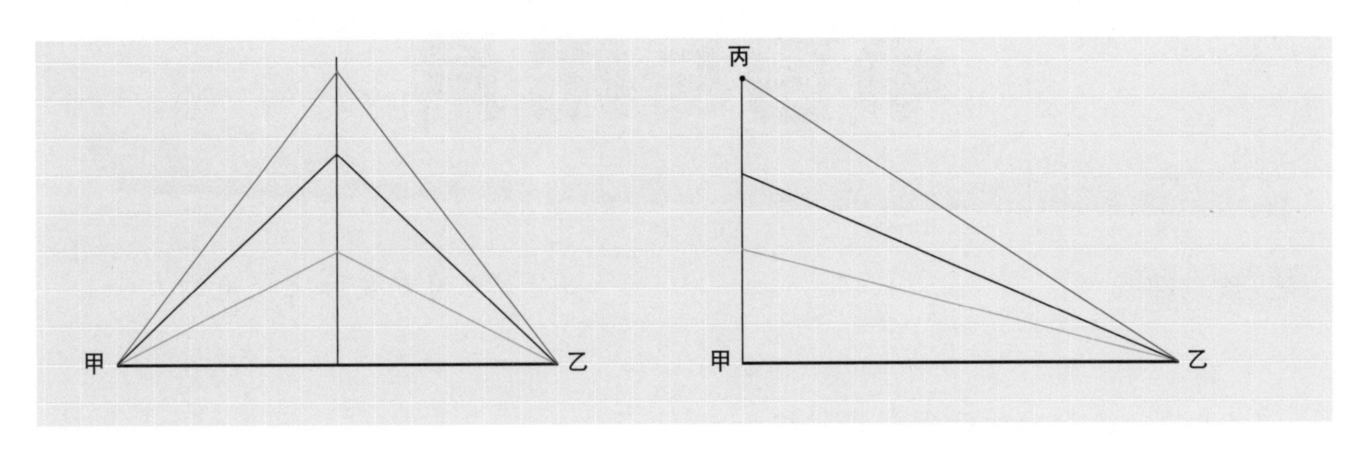

先确定甲乙的长，只要改变高度，就能画出各种等腰三角形。

先确定甲乙的长，只要改变丙的高度，就能画出各种直角三角形。

◆ 连接点和点画出三角形。

整 理

（1）2 个边长相等的三角形，称为等腰三角形。

（2）3 个边长相等的三角形，称为等边三角形。

巩固与拓展

整 理

1. 角

（1）从一点引出的两条射线所组成的图形称为角。

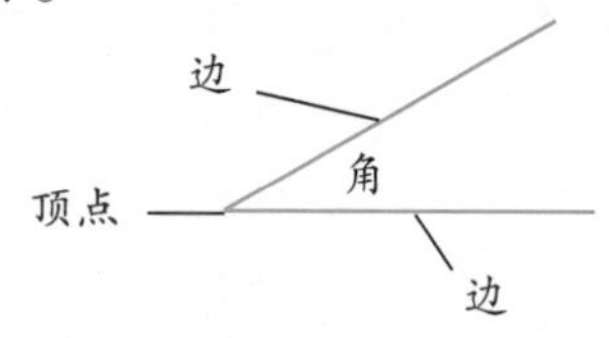

（2）把角重叠后比较角的大小。

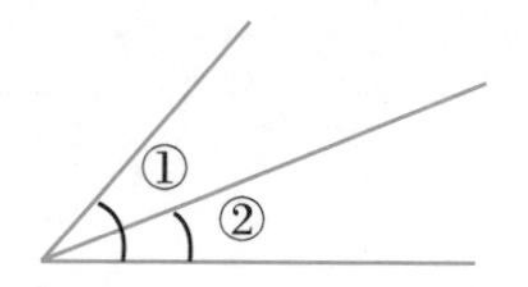

2. 等腰三角形

两腰的长度相同，两个角的大小也一样。

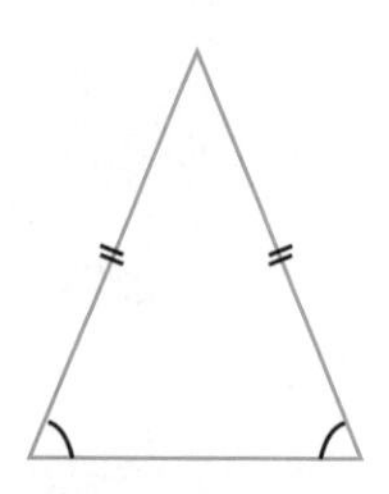

试一试，来做题。

1. 小英和朋友们帮忙制作山区的标志。

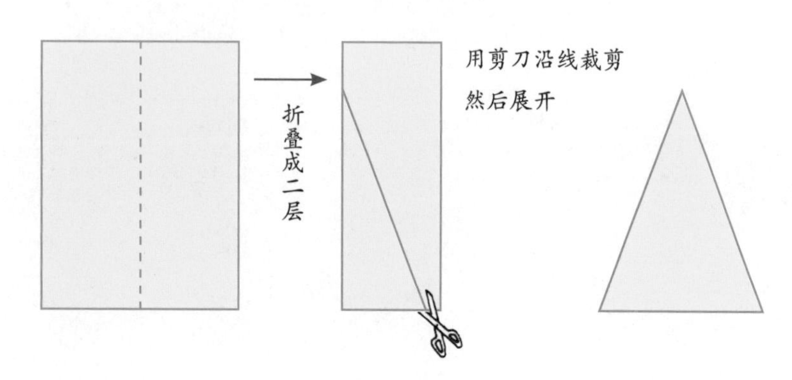

①按照上面的方法做成三角形，然后制作标志。用这种方法做成的三角形是哪一种三角形？

②在右面的三角形中，三个边都不一样长的三角形是哪几个？

答案：1. ①等腰三角形；②F、I、J。

3. 等边三角形

三条边的长度相同，三个角的大小也相同。

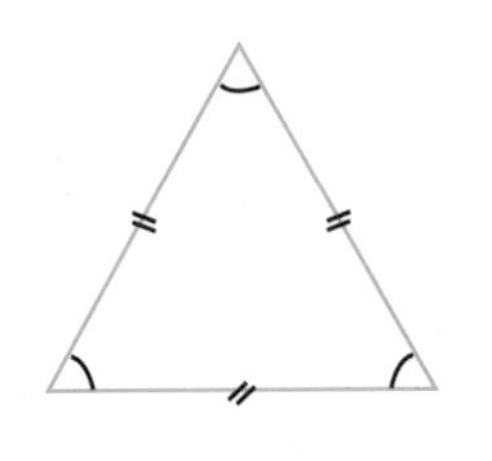

4. 圆

（1）在距离某点同样长度的许多地方画上小点，把这些小点光滑地连接起来就成为圆。

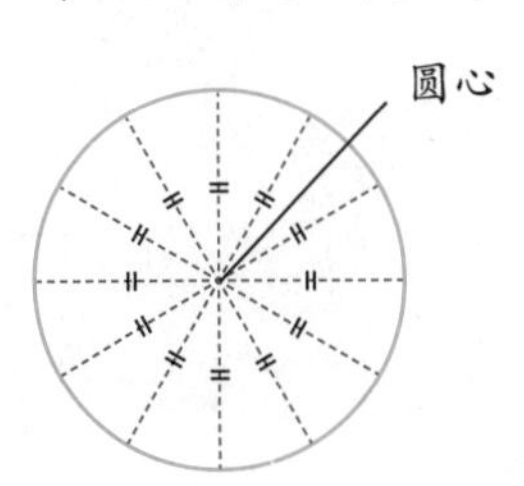

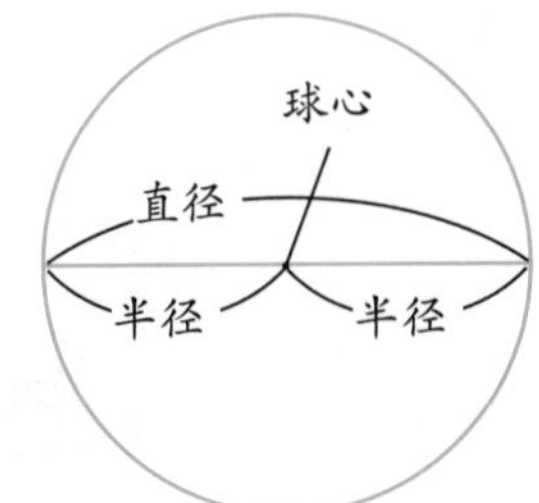

（2）直径是圆里面最长的线段。直径的长度是半径的2倍。

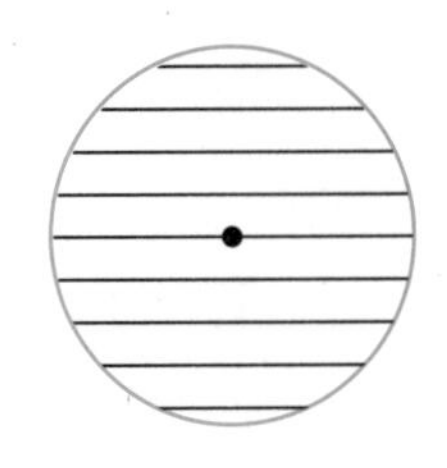

5. 球

（1）像皮球一样，从每一个方向看都是圆的形状。

（2）球的中心点叫作球心。

球心到球表面的线段称为球的半径。球的直径长度也是半径的2倍。

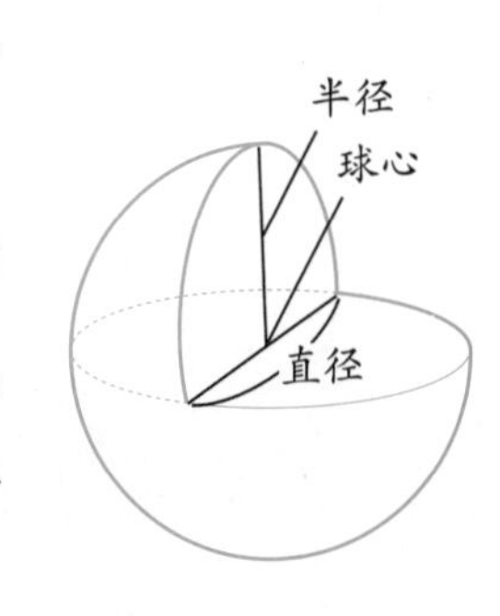

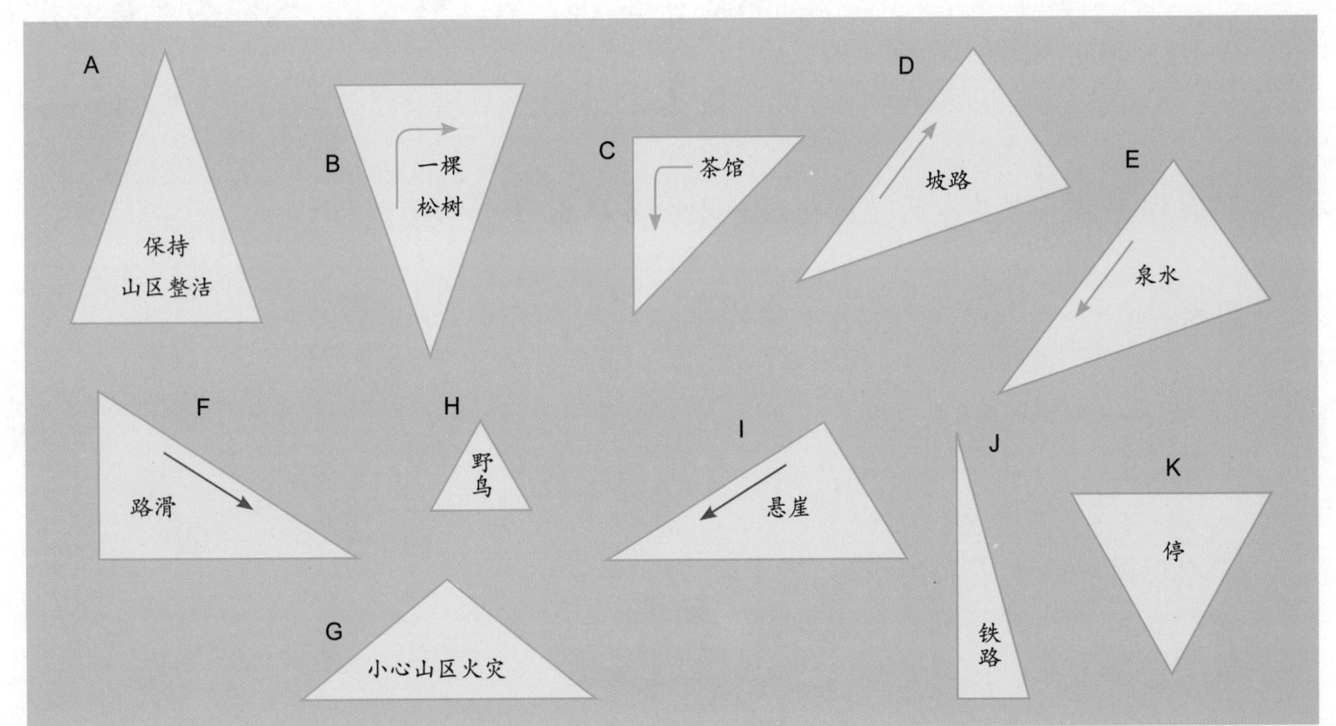

③ 在上面的三角形中，哪几个三角形和右图的三角形是同一类的？把标号写出来。

④ 像③这一类的三角形叫作什么三角形？

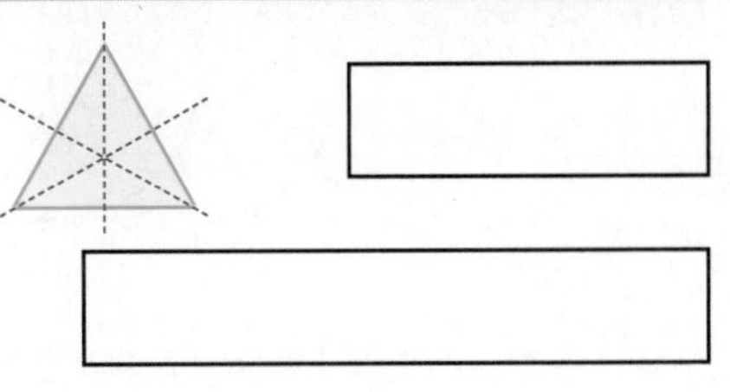

答案：1. ③ H、K；④等边三角形。

2. 牧场上有一大片草原，牛都被系在地钉上吃草。

绳子的长度是 5 米，绳子的两端绑在地钉和牛的鼻环上。估一估，在牛吃得到的草上着色。

3. 在你身旁有哪些东西是圆形或球形？各举出 3 个例子。

圆形 [ ]

球形 [ ]

4. 利用圆规画出下面的图形。

①

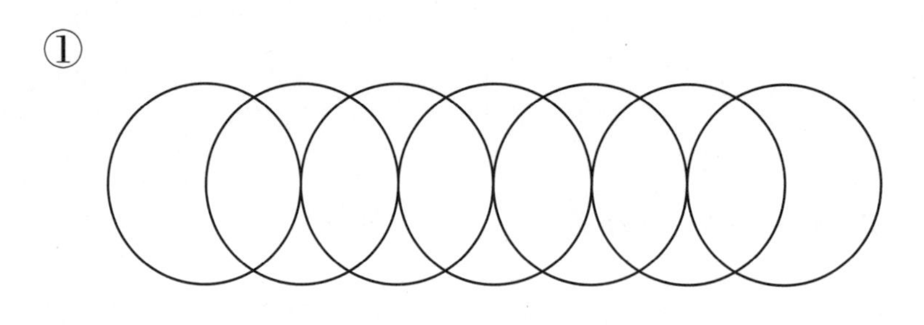

②

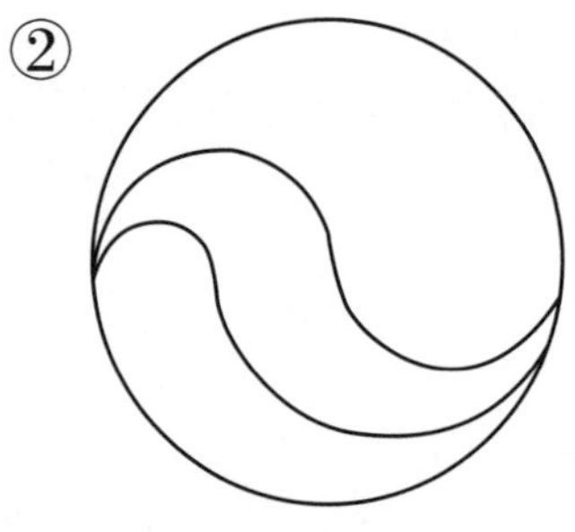

答案：2. 以 5 米为半径画出圆。3. 圆形：杯子垫、盘子、1 元硬币等；球形：足球、地球仪、西瓜等。
4. 注意圆心的位置和半径的长度。

5. 右图中有 6 个球整齐地排列在箱子里。
箱子的长为 18 厘米，宽为 12 厘米。
请问每 1 个球的直径是多少厘米？

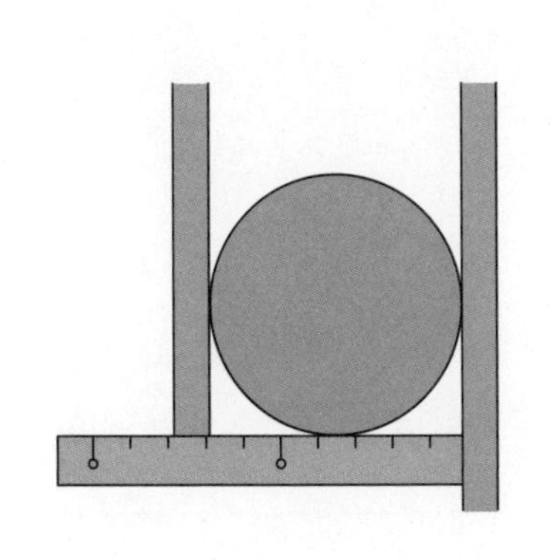

球的直径可以利用这种方法测量出来。

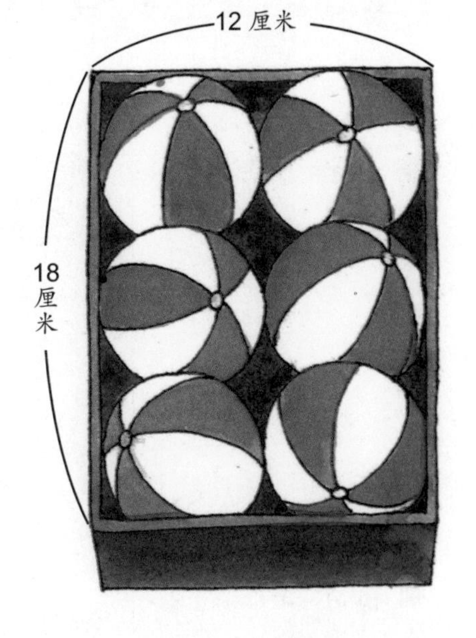

算式 [　　　　　　　　　　]　　答 □ 厘米

答案：5. 18÷3=6 或 12÷2=6，6。

解题训练

■ 辨别三角形的种类。

1 右图是用圆规画成的圆，圆规打开的角度不变，在圆周上取①、②两点。

圆心和①、②两点，三点相连后后形成的三角形是哪一种三角形？

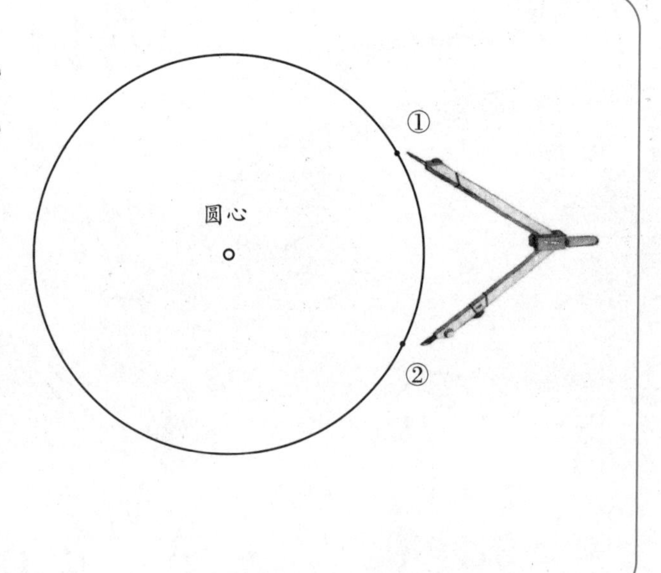

◀ 提示 ▶

要注意三角形的边长。

解法：圆心到①、②的距离等于圆的半径。因为圆规的打开角度不变，①到②的距离也和半径相等。三边长度相等的三角形叫作等边三角形。

答：形成的三角形是等边三角形。

■ 等腰三角形的特征。

2 右边等腰三角形的边长共有 17 厘米，②到③的长度是 5 厘米。

算一算，①到②的长度是多少厘米？

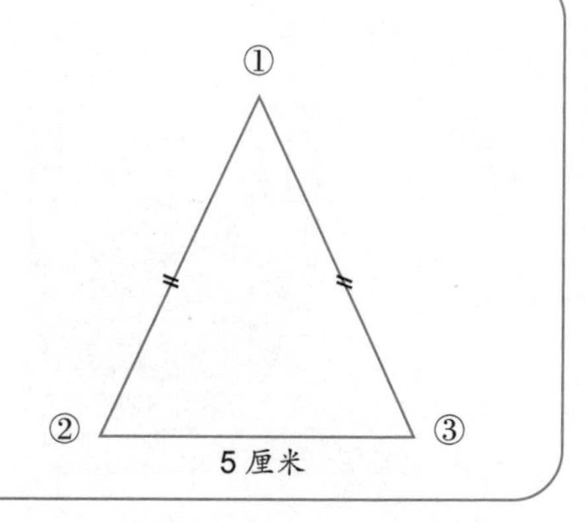

◀ 提示 ▶

①到②的长度和①到③的长度相等。

解法：等腰三角形的两腰长度相等，所以①到②的长度和①到③的长度相等。17−5=12（厘米），12÷2=6（厘米）

答：①到②的长度是 6 厘米。

■ 三角形的画法。

3 画出下面的三角形。

①每条边长为 3 厘米的等边三角形。

②底长为 3 厘米、两腰各为 4 厘米的等腰三角形。

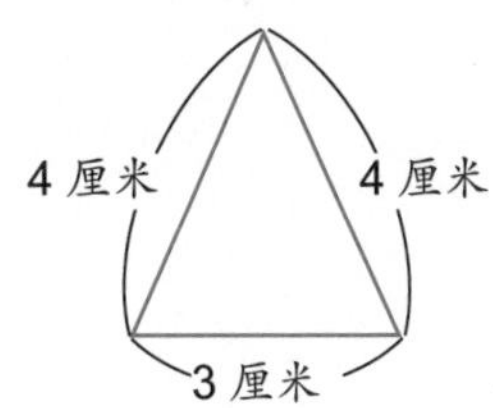

◀ 提示 ▶

先画出一个边，然后确定顶点的位置。

解法：下面是①、②两个三角形的画法。

①每条边长为 3 厘米的等边三角形。

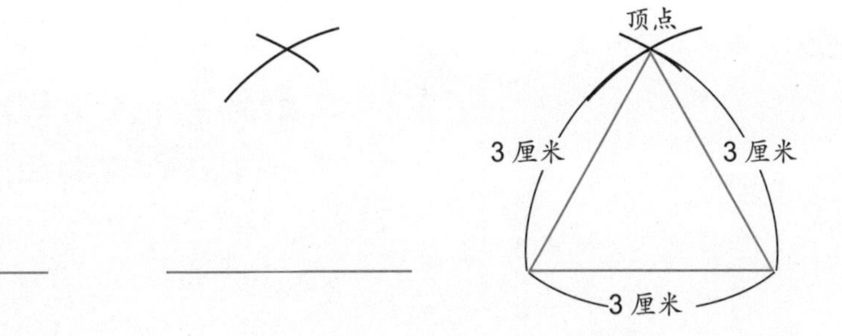

先画出 3 厘米长的线段，以线段的两端为圆心各画 1 个半径为 3 厘米的弧。把两条弧相交的点与线段两端分别连接起来。

②底长为 3 厘米、两腰各为 4 厘米的等腰三角形。

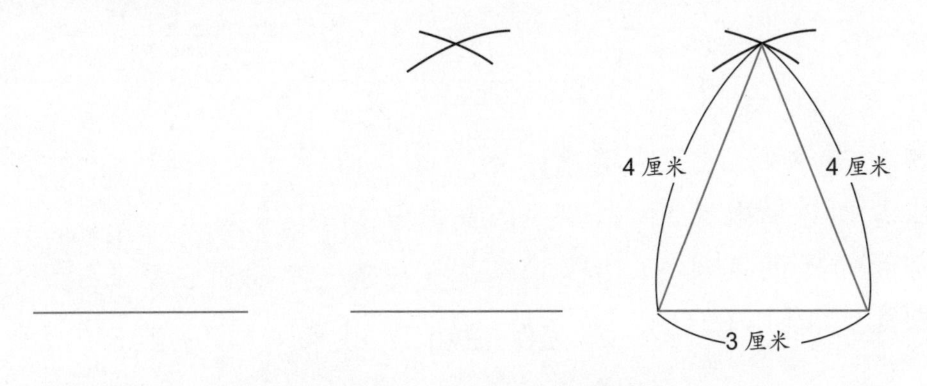

先画出 3 厘米长的线段，以线段的两端为圆心各画 1 个半径为 4 厘米的弧，把两条弧相交的点与线段的两端分别连接起来。

■ 直径的特征。

4 右边圆形内的3条线段，哪一条最长？

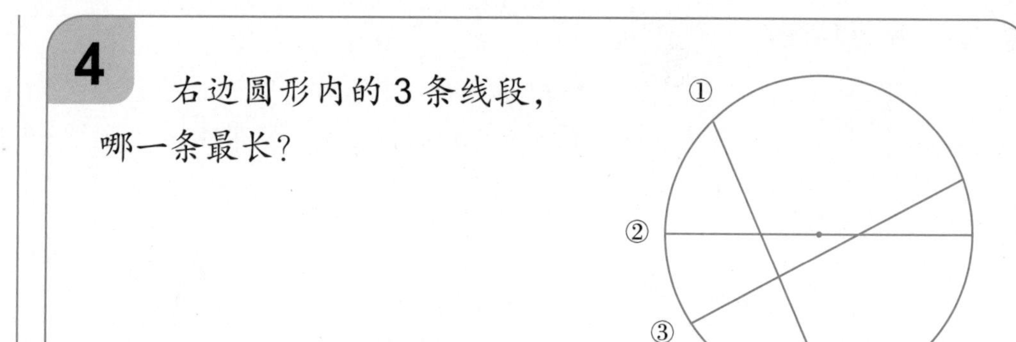

◀ 提示 ▶
其中有一条线段通过圆心。

解法： 直径是圆内最长的线段。如果沿着直径的位置把圆形对折成两份，这两份能够完全地重叠在一起。图中②是经过圆心的。

答：②最长。

■ 计算球的半径。

5

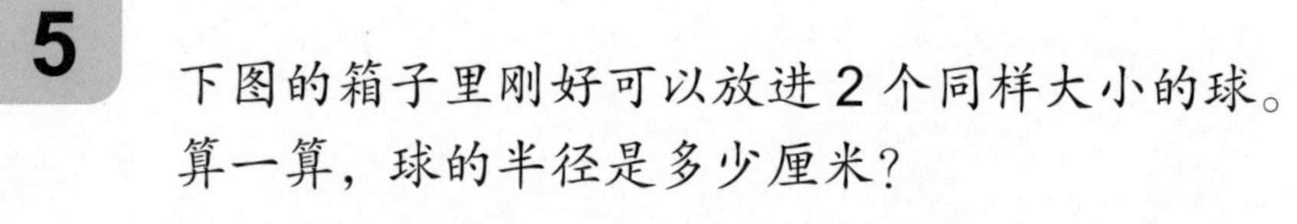
下图的箱子里刚好可以放进2个同样大小的球。算一算，球的半径是多少厘米？

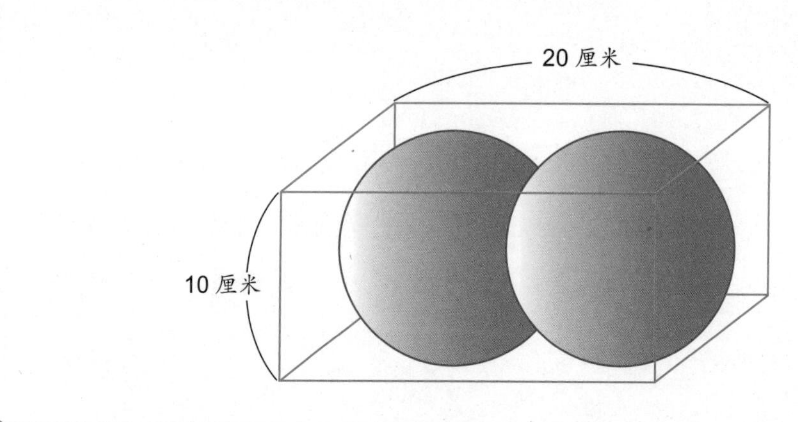

◀ 提示 ▶
球各部分的长度都和箱子的高度或宽度相同。

解法： 球中最长的部分是直径。箱子里刚好可以放进2个球，所以球的直径等于10厘米。

半径是直径的$\frac{1}{2}$，等于5厘米。

$20 \div 2=10$（厘米），$10 \div 2=5$（厘米）

答：球的半径是5厘米。

■ 圆的画法。

6

用圆规画出直径为 4 厘米的圆。

◀ 提示 ▶

直径的$\frac{1}{2}$是半径。

解法：半径长度是直径的$\frac{1}{2}$，等于 2 厘米。圆规两脚张开的距离应该是半径而不是直径。

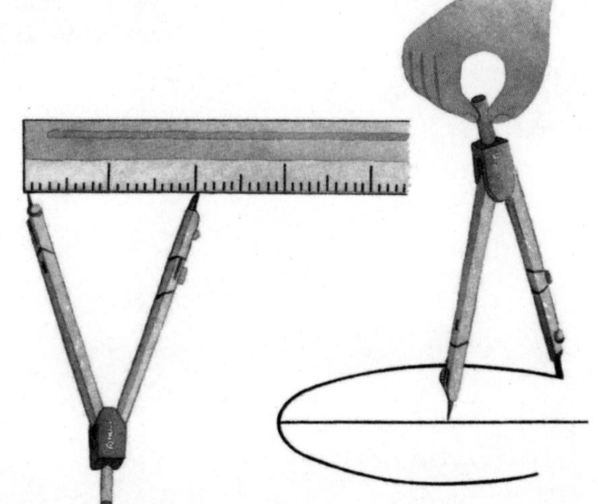

■ 圆的特征。

7

下图是 6 个直径为 6 厘米的圆。

计算①到②的长度。

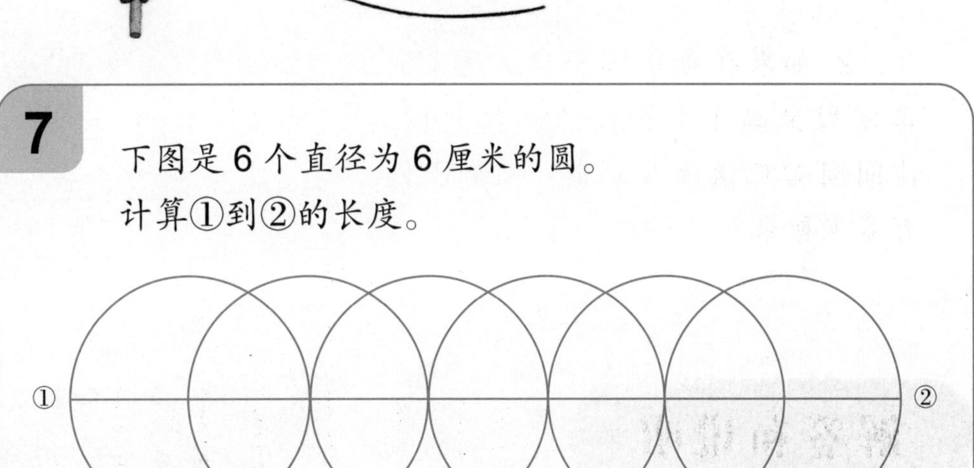

◀ 提示 ▶

从①开始按顺序数一数，一共有几个半径或直径，注意重叠的部分。

解法：这题有许多不同的计算方法，下面举例子说明。

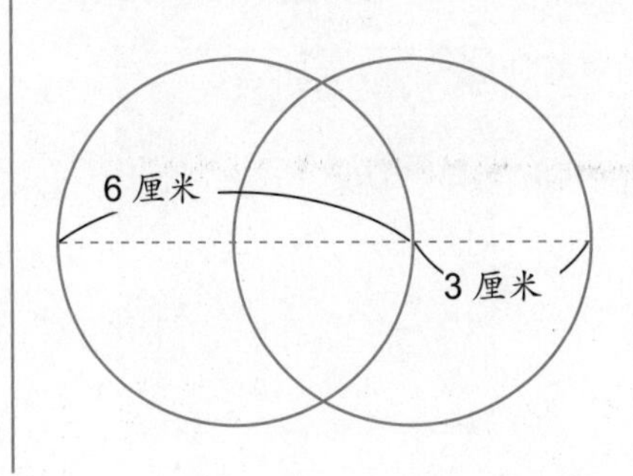

各圆的圆心都排列在直线上。①到②之间有 3 个直径为 6 厘米的圆并列在一起，还有 1 个直径为 6 厘米的半圆，所以，6×3=18（厘米），18+3=21（厘米）。

答：①到②的长度为 21 厘米。

加强练习

1. 在下图的箱子里，可以放进几个直径为4厘米的球？

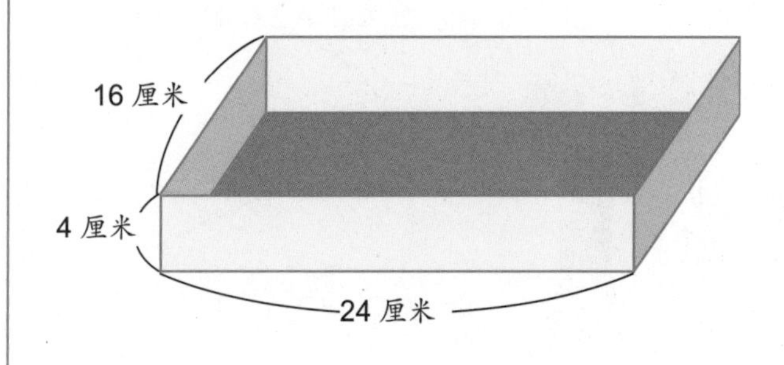

算式［　　　　　　　　］

答［　　］个

2. 如果在每条边长为7厘米的正方形里画1个和四边相接的圆，请问圆心应该画在哪里？圆的半径有多少厘米？

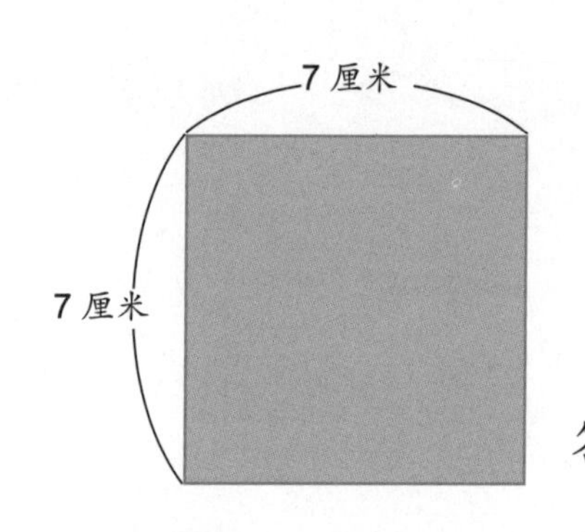

答［　　］厘米

3. 3个半径为3厘米的圆排成下图的形状。

把3个圆的圆心连接起来，会成为什么形状？

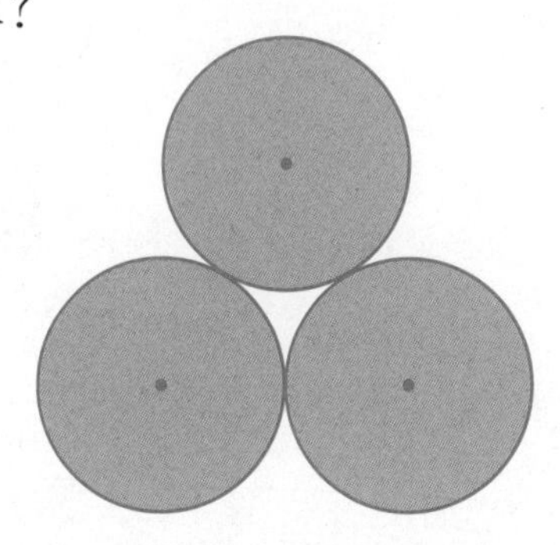

答［　　　　　　］

解答和说明

1. 下图是由上往下看箱子里的情形，箱子里可以摆放许多球。

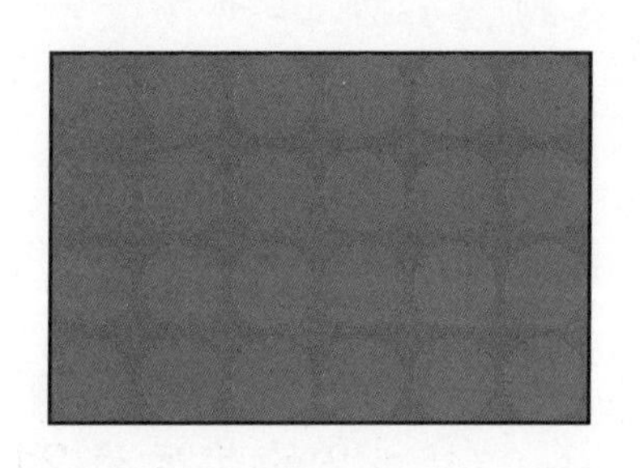

长的方向可以摆6个球，宽的方向可以摆4个球，所以：

$4 \times 6=24$　　　　答：24个。

2. 圆心的位置

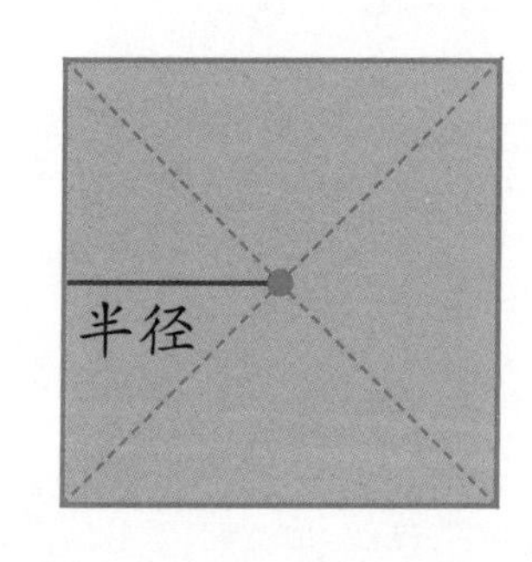

4. 有1个等腰三角形，3条边的长共19厘米，有1个边长是5厘米，请计算这个等腰三角形3条边的长度。

这个三角形有下面两种可能。

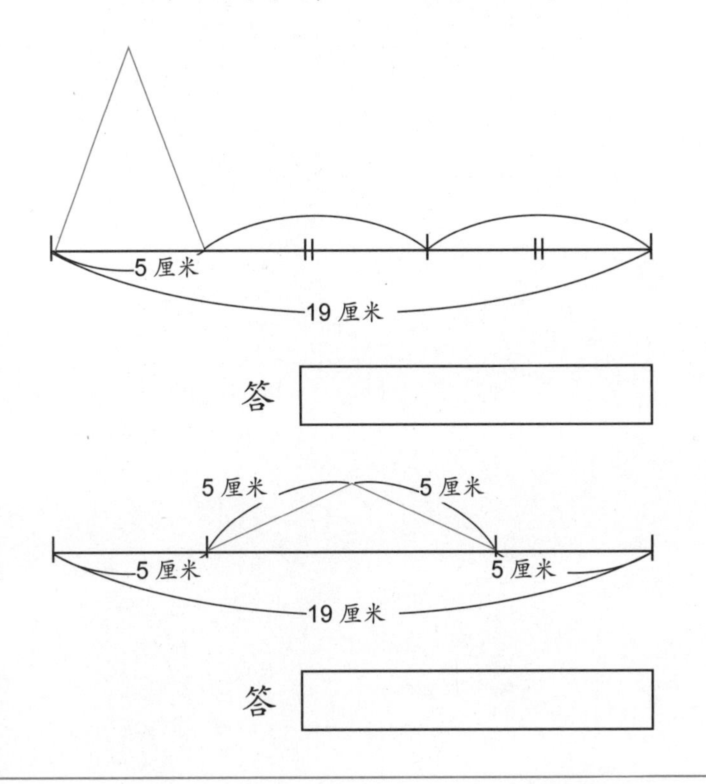

5. 请画出1个3条边的边长之和为15厘米的等边三角形。

先算一算：

再画一画：

先画出2条对角线，以对角线的交叉点为圆心，3.5厘米为半径画出圆。

3. 连接2个圆圆心的线段长度为3×2=6（厘米）。

答：每条边长为6厘米的等边三角形。

4. 先求2个等边的长度。

① 19−5=14（厘米）14÷2=7（厘米）

答：三条变长分别为5厘米、7厘米、7厘米

② 5×2=10（厘米）19−10=9（厘米）

答：三条变长分别为5厘米、5厘米、9厘米。

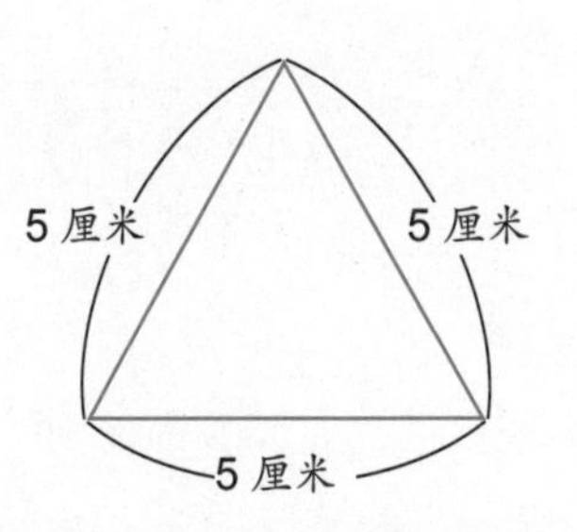

5. 等边三角形的3条边的边长相等，正三角形的3边长15厘米，每条边的长是15÷3=5（厘米）。

在答案栏画出每边长5厘米的等边三角形。

图表与图解

整理的方法

◉ 图表的画法

图表，全称是统计图、统计表。图表应该怎么画才方便呢？

小华和小莉被老师安排到机场参观。

上课的时候，他们必须汇报在机场看到了什么，所以他们决定告诉大家关于飞机的基本情况。

他们打算算出飞机的数量整理成图表。

想一想

在整理的时候，小华和小莉用了下面两种不同的方法。

（1）按照飞机的体积分成大、中、小三种。

这是依照飞机不同的体积来区分的，所以比计算它们的总数还要更方便一些。

（2）数一数有多少架飞机降落，有多少架飞机起飞。

这种方法可以算出飞机场上飞机数量的增加或减少，也可以看到飞机场上飞机的数量变化。

但是他们两个人却不知道降落的飞机是从哪里飞来的，也不知道起飞的飞机要飞到哪里去。

这是一个非常困难的问题。

所以，他们两个人把飞机上的标志记录了下来，这样就可以查出飞机是哪一家航空公司的，上课时也能够汇报非常详细的内容了。

记录飞机上的标志，以及计算飞机起飞、降落的数量是非常麻烦的，但是小华和小莉都很用心地计算出结果了。

学习重点

阅读或写下各种数字，并记住它们的用法。

◉ 图表的画法

◆ **小华的记录**（起飞的飞机）

小华的记录虽然可以很容易地看出飞机起飞的顺序，但比较与计算不同航空公司的飞机数目却很不方便。

◆ **依照标志再整理一次吧！**

◆ **小莉的记录**（降落的飞机）

小莉的记录是按照标志排列的，可以很快地画成图表。

◆ 把两人的观察记录做成图表吧！

小华记录的是起飞飞机的数量。

				总计
8	5	6	7	26

小莉记录的是降落飞机的数量。

				总计
10	6	8	9	33

					总计
起飞数量	8	5	6	7	26
降落数量	10	6	8	9	33
总计	18	11	14	16	59

※ 两个表合并在一起，就可计算出各航空公司的飞机总数，这种表叫作复式表。

※ 各航空公司的飞机总数也请看右表。

→所指的数字总和都是 59。

※ →方向的数字是起飞飞机的数量。

※ →方向的数字是降落飞机的数量。

整　理

（1）在计数时，用“正”来记录是非常方便的。

（2）有的表可以用纵、横两个方向来整理、绘制。

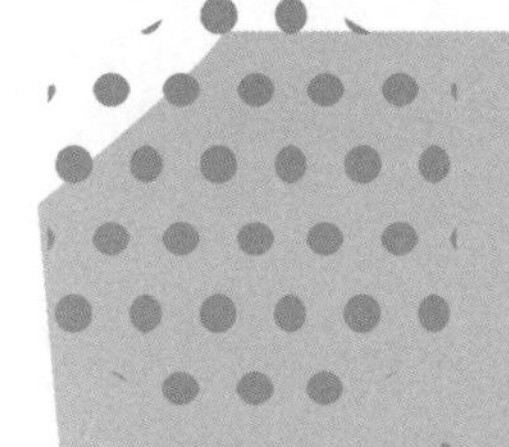

条形图

怎样看条形图

动物学校的小伙伴们去钓鱼，让我们将“钓到的鱼”画成图表，看谁钓的鱼最多。

钓到的鱼

钓鱼者	数　目
狐小弟	7
小松鼠	3
虎小弟	8
猫小妹	5
熊宝宝	6

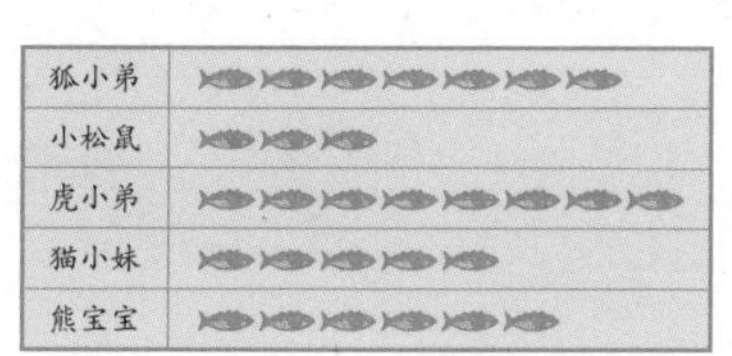

2年级的时候是这么画的吧！

狐小弟	○○○○○○○
小松鼠	○○○
虎小弟	○○○○○○○○
猫小妹	○○○○○
熊宝宝	○○○○○○

将上表变成下面的统计图，看得更清楚，这种图我们叫作条形图。

钓到的鱼

（条）

10

5

0

虎小弟　狐小弟　熊宝宝　猫小妹　小松鼠

※ 直线代表鱼的数量。

※ 每一格代表一条鱼。

※ 从直线的高低就可看出谁钓的鱼最多。

※ 条形图也可画成横的，依照顺序列出来。

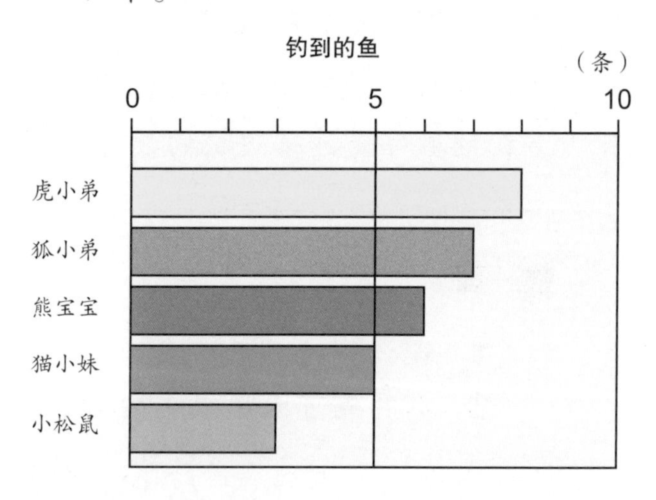

◉ 条形图的画法

动物学校举办捡栗子比赛，每个人所捡到的栗子数量如下表所示，怎样画成条形图呢？

学习重点

①了解条形图的优点以及读法。
②了解条形图的画法。
③使用近似数值，仔细地绘成条形图。

名字	熊宝宝	狐小弟	猫小妹	虎小弟	小松鼠
数量	12	10	7	5	14

◆ 猫小妹怎么画她的条形图。

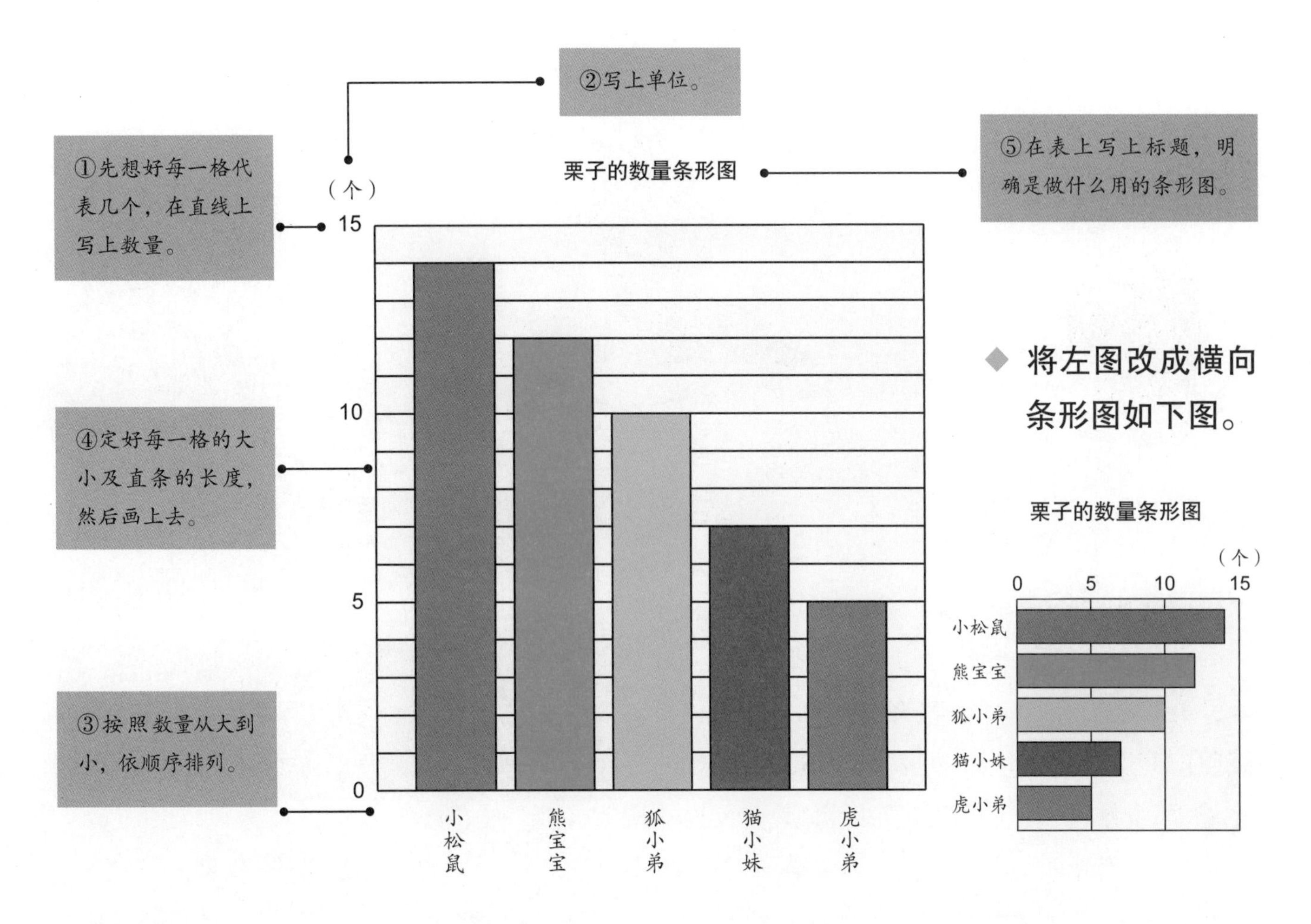

整　理

（1）用条形图比较容易看出大小（或多少）。
（2）注意每一格代表的数量，而且记得写上标题。

◉ 用条形图来表示大数

右表是住在动物学校附近四座山上的小鸟数量。

如果把它改画在长 15 厘米的小方格纸上，那么，一格表示多少只鸟呢？请你想一想。

四座山上的小鸟数量

山名	小鸟数（只）
欢欢山	435
哈哈山	1304
乐乐山	1082
麦麦山	798

◆**把四座山上的小鸟数量画成条形图吧!**

如果每 1 厘米表示 100 只小鸟的话，15 厘米长的小方格纸就可以代表 1500 只了。小鸟最多只有 1304 只，所以用 1 厘米表示 100 只小鸟没有问题。每 1 毫米代表 10 只小鸟。我们把四座山的小鸟的数量计算到十位，个位上的数四舍五入，可以列成右边的表。

※ 当我们用条形图来表示很大的数时，可以用这个大数的近似数。

每 1 厘米代表 100 只。
（1304 只）→ 近似 1300 只 → 13 厘米
（435）只 → 近似 440 只 → 4.4 厘米

四座山上的小鸟数量

山名	小鸟数（只）	近似数（只）	柱状线长度（厘米）
欢欢山	435	440	4.4
哈哈山	1304	1300	13
乐乐山	1082	1080	10.8
麦麦山	798	800	8

◆ **把小鸟数量的个位上的数四舍五入，只采用近似数，并用直线来表示。**

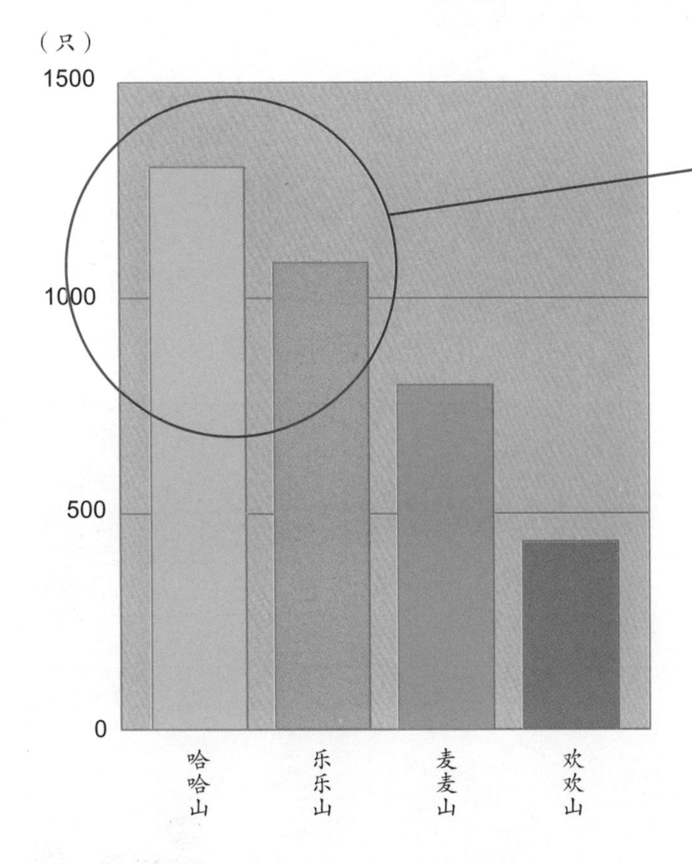

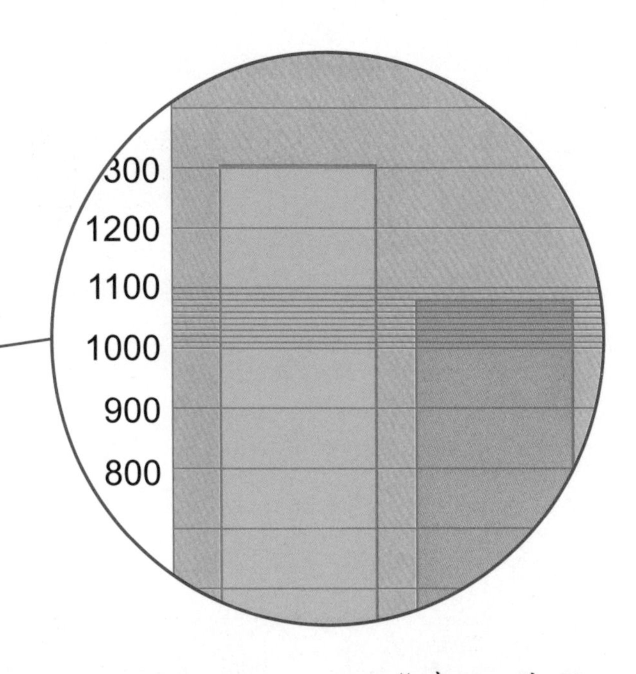

“我知道了，哈哈山的小鸟数量约有 1300 只，麦麦山的小鸟数量大概有 800 只。”

◆ **从条形图上算出小鸟的数量。**

哈哈山、麦麦山、欢欢山、乐乐山上的小鸟总数，已经画成上面的条形图了。从条形图上计算小鸟数的话，必须像上图一样，计算到一小格的$\frac{1}{10}$。

“我算过条形图了，乐乐山的顶点线在 1000 上方的$\frac{8}{10}$左右，所以乐乐山的小鸟数量大概有 1080 只。”

整　理

（1）例如，人口等大数用条形图表示时，可以使用近似数。

（2）条形图一般可以精确到每一小格的$\frac{1}{10}$左右。

巩固与拓展

整 理

1. 表格整理

（1）竖式或横式的单式表

遗失东西的人数

一	二	三	四	五	六	合计
8	4	5	3	6	2	28

按照顺序调查每天的人数。

（2）竖式和横式的复式表

只要看表格中的横式，便知道男生和女生每周遗失东西的人数。

遗失东西的人数

	一	二	三	四	五	六	合计
男	5	2	3	0	4	1	15
女	3	2	2	3	2	1	13
合计	8	4	5	3	6	2	28

试一试，来做题。

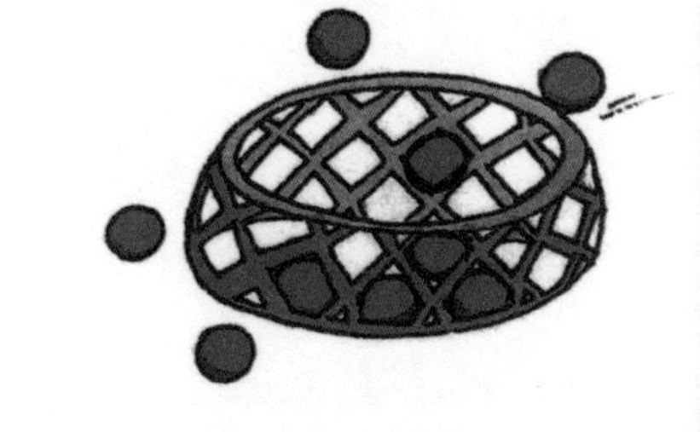

1. 右边的图表是小朋友们玩投篮游戏的成绩计算图表。

①甲图表中已经画出小明第一次投篮的成绩。请在甲图形中画出其他3人第一次投篮的成绩。

②像甲图形这样的叫什么统计图？

③甲图表纵轴的每一格代表几个球？ 个

④请写出甲图表的标题。

⑤计算第一次投篮和第二次投篮的总成绩，按照从高到低的成绩，按顺序写出小朋友的名字。

答案：1. ②条形图；③ 1；④投篮的成绩；⑤小五、小华、小明、小英。

只要看表格中的竖式，便知道男生和女生每天遗失东西的人数。

这种表格的横式与竖式都有人数的总计栏，利用合计栏可以查明横式与竖式的合计数是不是一样。

2. 条形图

为了方便计算，用直条的长度表示数量多少的图表叫作条形图。

计算时，先设计和计算条形图每一格所表示的数量。

然后找出直条上端的刻度，用数字把刻度表示出来。

条形图的优点

1. 容易看出数量的多少和顺序。

2. 比较直条的长短，马上可以得知每个直条之间的数量关系，例如，2倍或$\frac{1}{3}$倍。利用图表可以整齐地画出数量的多少，计算时会更方便。每一格可以用1、2、5、10、20、50、100、200……比较直观的数字写出来。

第一次投篮

名字	投进的数量
小明	7
小英	4
小华	5
小玉	8

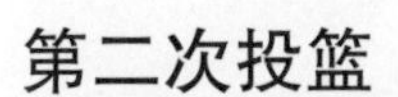

第二次投篮

名字	投进的数量
小明	5
小英	4
小华	8
小玉	6

甲

（个）

8
7
6
5
4
3
2
1
0

小明　小英　小华　小玉

加强练习

1. 根据纵轴，读出直条代表的数量，把答案填在□里。

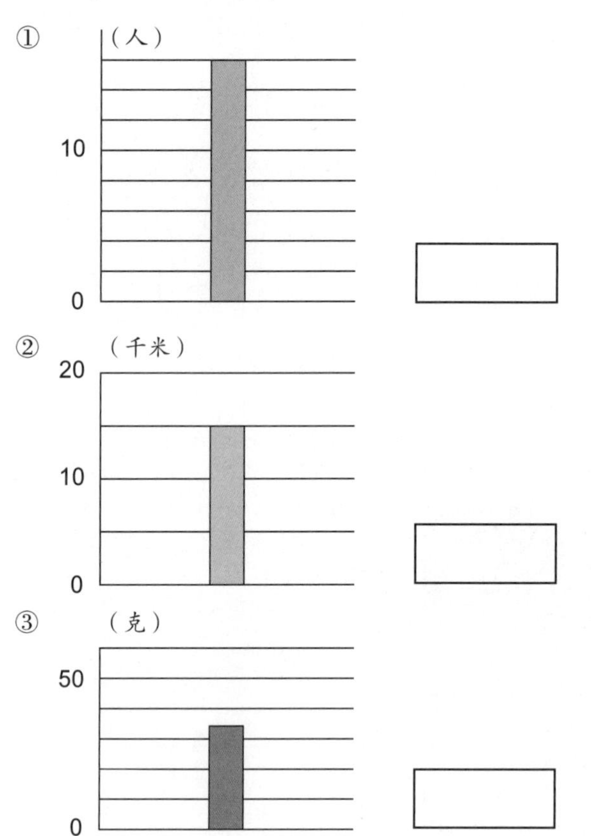

2. 请看下面的条形图，并回答问题。

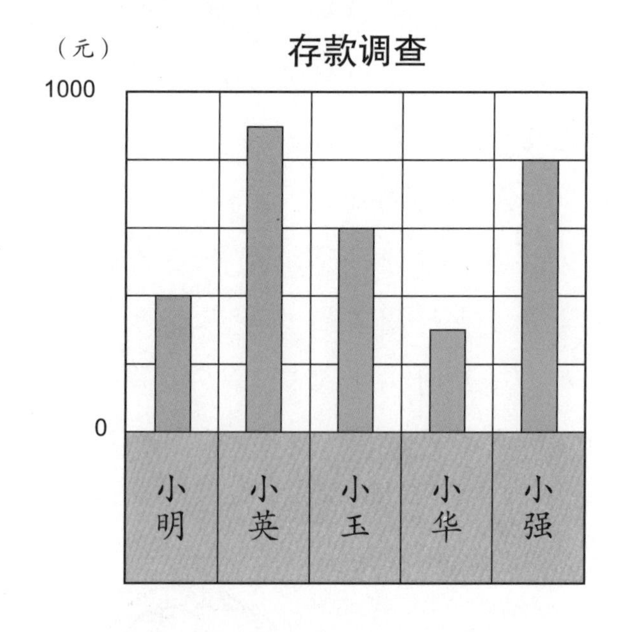

①每一格表示多少元？

□ 元

②共有几个人的存款大于 500 元？

□ 人

解答和说明

1. 算一算 0 到下一个数字之间有多少格，再求每一格所表示的数量，便可以求出答案。

① 0 到 10 共分为 5 个格，所以每一格代表 2 人，全部人数是 16 人。

答：① 16 人；② 15 千米；③ 35 克。

2. ① 0 到 1000 之间共有 5 个格，所以，每一格表示 200 元。

答：每一格表示 200 元。

② 400 元和 600 元的中间数是 500 元，所以小英、小玉、小强的存款都超过 500 元。

答：一共有 3 人的存款大于 500 元。

3. 下表是小朋友们掷球的成绩。利用条形图把下表的成绩画出来。

小明	小英	小华	小玉	小强
15 米	12 米	18 米	9 米	19 米

①按照掷球的远近，在（　　）里填写对应的小朋友的名字。

②在□里填写数字表示掷球的距离，其中包括成绩最好的小朋友的成绩。

③把 5 人的成绩用条形图画出来。

④在最上面的□里填上图表的标题。

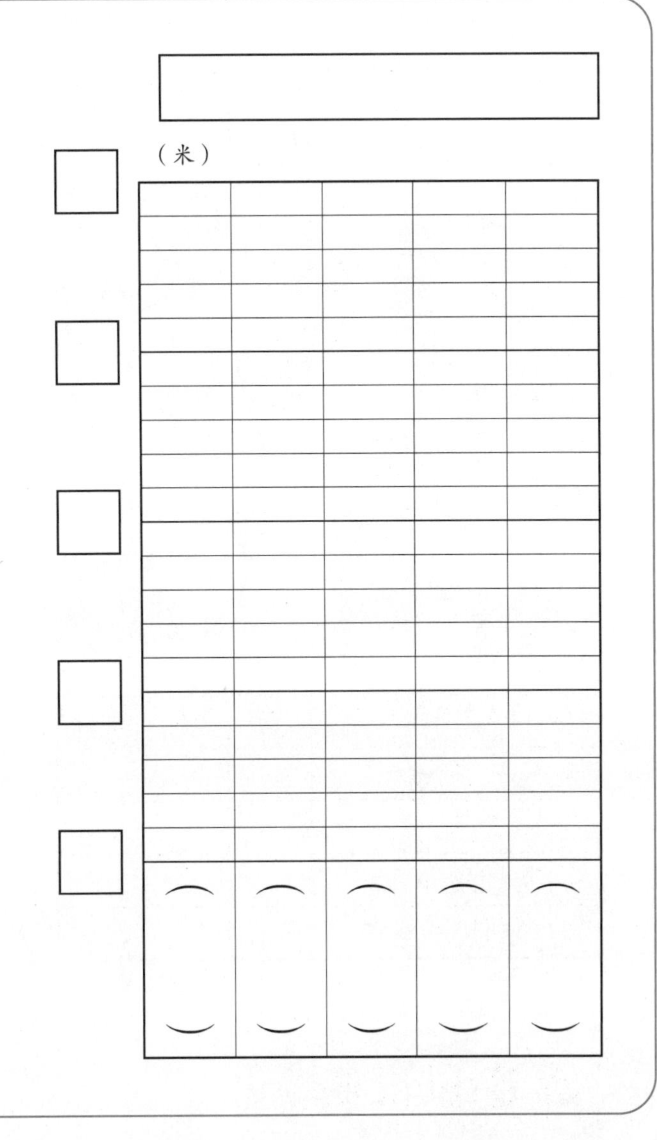

3. 把表上的成绩用更容易懂的条形图画出来。

①由表上的成绩可以看出小朋友们成绩的顺序是 19 米、18 米、15 米、12 米、9 米。

答：小强、小华、小明、小英、小玉。

②图表里必须包括 19 米的成绩，同时注意每一格表示数量必须相同。整张图表共分为 20 个格。

答：由下往上的数字分别是：0、5、10、15、20。

③把每个人的成绩画在图表上，不要读错数字。

④标题要尽可能符合图表的内容。

答：掷球的成绩记录。

4. 用画正字法把下面的三角形按照形状的不同整理之后，把每一种三角形的个数写在表中。

种类＼颜色	红	蓝	黄	合计
直角三角形				
等腰三角形				
等边三角形				
合计				

5. 下表是班上交春游费用的人数。请填上甲、乙、丙位置上的数字。

性别＼班别	一	二	三	四	合计
男	9	4	4	4	甲
女	8	5	6	乙	19
合计	17	9	10	丙	40

①全班人数一共有多少人？

□人

②甲代表哪一种人数？

□

③甲的人数是
甲 +19=40，
甲是多少人？

□人

④乙是多少人？

□人

解答和说明

4. 一边数三角形的数量，一边在表上填写“正”字。1个“正”字代表5个三角形。

种类＼颜色	红	蓝	合计
直角三角形	一	一	T
等腰三角形	下	T	一
等边三角形	T	一	T
合计	正一	下	正

然后再填成右面的数据表。

种类＼颜色	红	蓝	黄	合计
直角三角形	1	1	2	4
等腰三角形	3	2	1	6
等边三角形	2	1	2	5
合计	6	4	5	15

5. ① 40 人；② 男生总计人数；③ 40−19=21，21 人；④女生总计人数是 19 人，8+5+6=19，19+ 乙 =19，所以乙是 0 人。

步印童书馆

步印童书馆 编著

北京市数学特级教师 丁益祥
北京市数学特级教师 司梁
『卢说数学』主理人 卢声怡
联袂力荐

小牛顿

数学分级读物

第三阶 4 大数的加减法

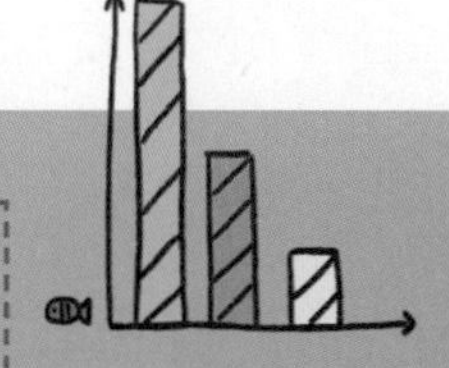

中国儿童的数学分级读物
培养有创造力的数学思维

讲透原理 → 系统进阶 → 思维转换

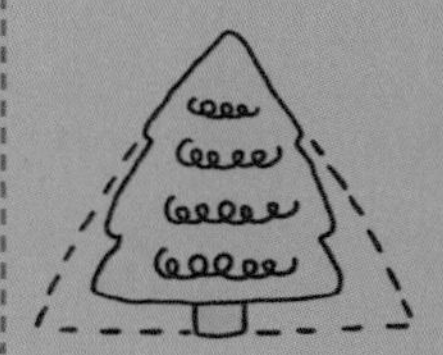

電子工業出版社
Publishing House of Electronics Industry
北京·BEIJING

图书在版编目（CIP）数据

小牛顿数学分级读物. 第三阶. 4, 大数的加减法 / 步印童书馆编著. -- 北京 : 电子工业出版社, 2024.6

ISBN 978-7-121-47634-1

Ⅰ. ①小… Ⅱ. ①步… Ⅲ. ①数学 - 少儿读物 Ⅳ. ①O1-49

中国国家版本馆CIP数据核字(2024)第068418号

特别鸣谢本书组稿策划人郑利强先生。

责任编辑：赵　妍　季　萌
印　　刷：当纳利（广东）印务有限公司
装　　订：当纳利（广东）印务有限公司
出版发行：电子工业出版社
　　　　　北京市海淀区万寿路173信箱　邮编：100036
开　　本：889×1194　1/16　印张：13.75　字数：276千字
版　　次：2024年6月第1版
印　　次：2024年6月第1次印刷
定　　价：80.00元（全4册）

凡所购买电子工业出版社图书有缺损问题，请向购买书店调换。若书店售缺，请与本社发行部联系，联系及邮购电话：（010）88254888，88258888。

质量投诉请发邮件至zlts@phei.com.cn，盗版侵权举报请发邮件至dbqq@phei.com.cn。

本书咨询联系方式：（010）88254161转1860，jimeng@phei.com.cn。

目录

大数的
加法、减法

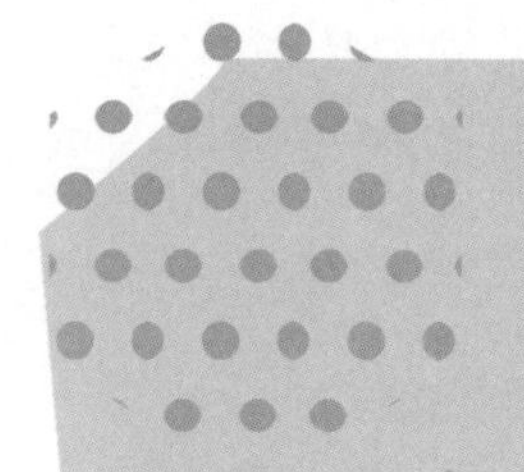

大数

大数的读法和写法

小北和妈妈上街去买照相机。付钱的时候，妈妈拿出如右图的钱付给店员。店员在点收的时候说，要是有千元的纸币就好了，比较容易计算。

如果有千元纸币，你知道该怎么支付吗？

一般的付钱方式

百元	百元	百元	百元	百元
百元	百元	百元	百元	百元
百元	百元	百元	百元	百元
百元	百元	百元	百元	百元
百元	百元	百元	百元	百元
百元	百元	百元	百元	百元
百元	百元	百元	百元	
			十元	十元

↓

更方便的付钱方式

千元	千元	千元		
百元	百元	百元	百元	
			十元	十元

如果有千元纸币，多少张百元纸币可以换 1 张千元纸币呢？

◉ 万位

1 千的 10 倍是 1 万，1 万写成 10000。10000 的 1 是满十向万位进 1 来的，表示 1 个万。

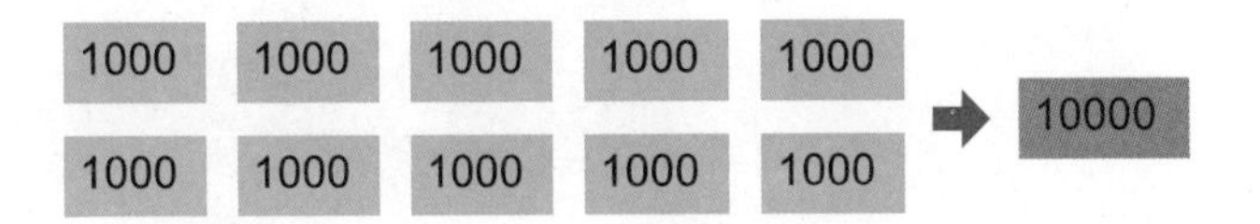

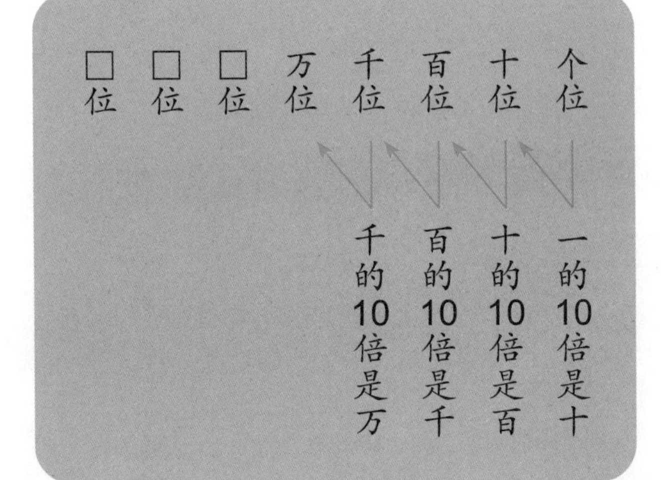

10000

※ 千位满十，向左进一位就是万位。

学习重点

①大数（万位）的读法和写法。

②理解 10 倍、100 倍和$\frac{1}{10}$、$\frac{1}{100}$的概念。

③数字表示法之间的关系。

什么叫 10000 呢？比 10000 小 1 的数是多少？比 10000 大 1 的数又是多少？

让我们来看一看数线：

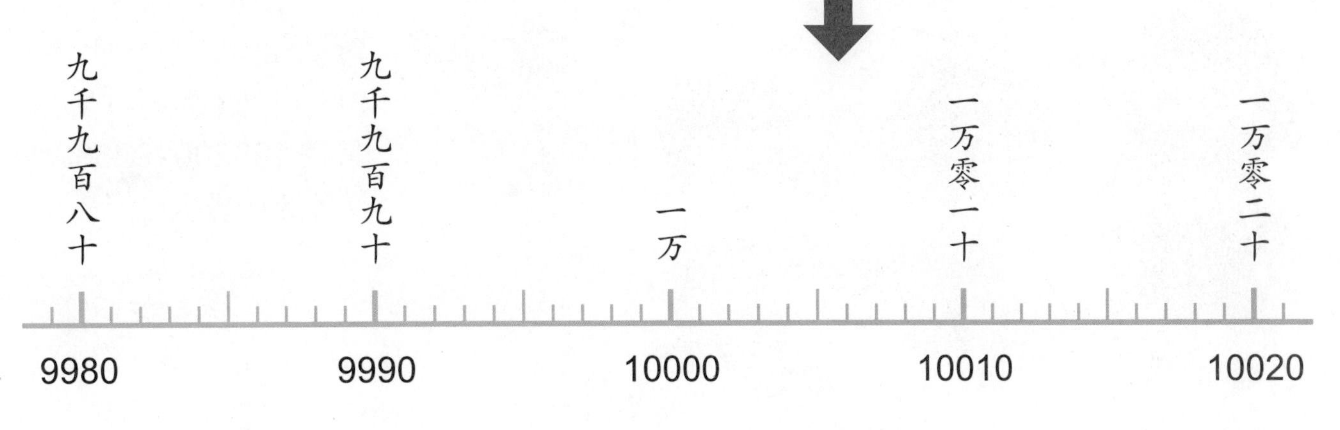

数的关系

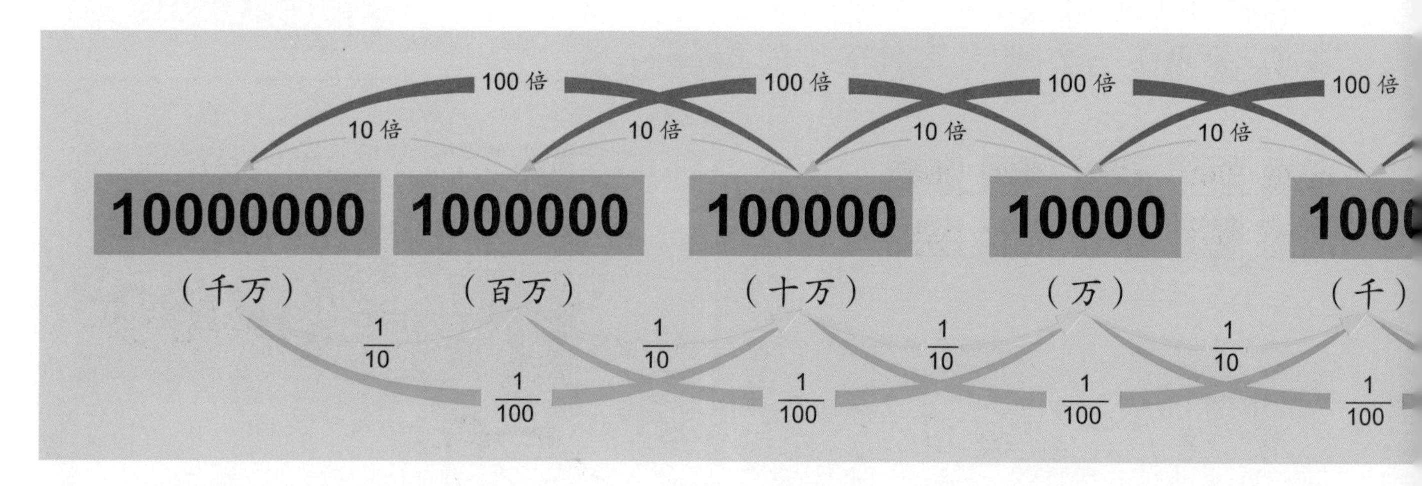

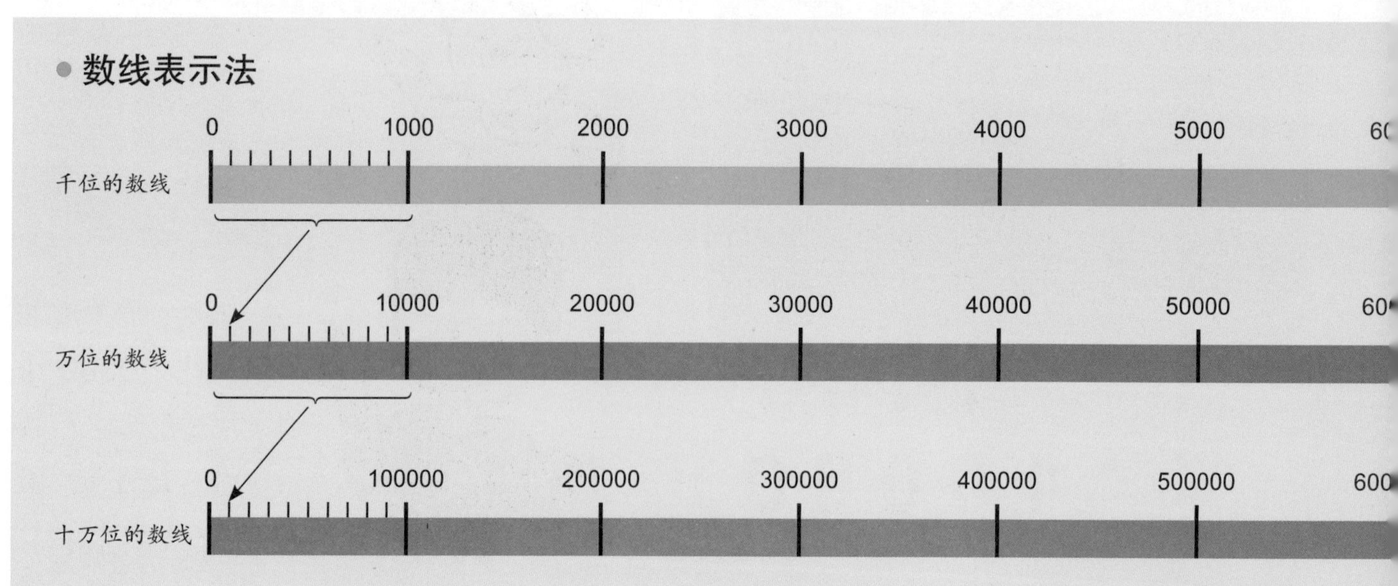

表示数的大小时，会用到小于号（<）、大于号（>），写成 108200>92800，= 称为等号。

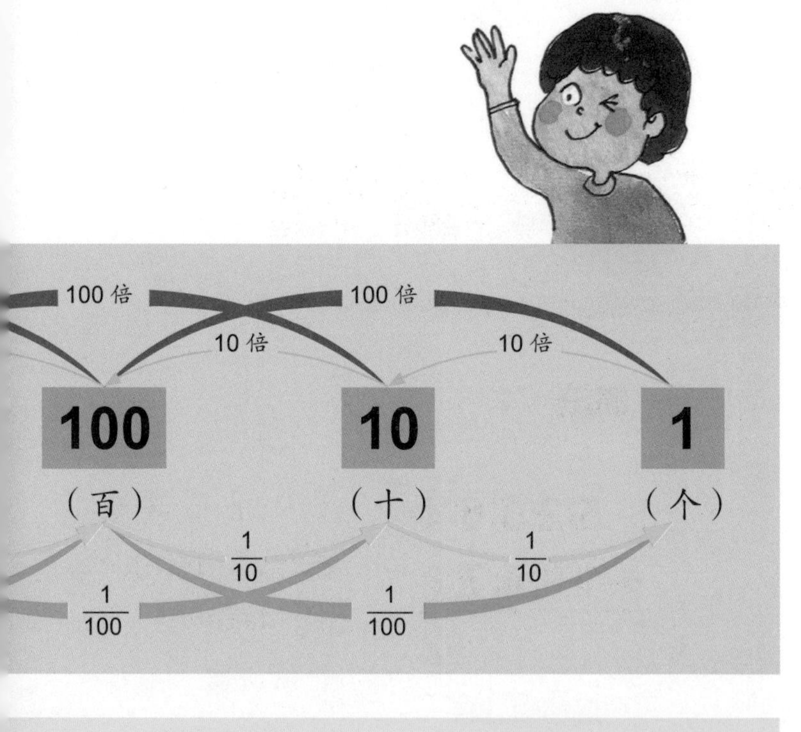

目前所学的数，向左的数位上的数值依次增加了10倍、100倍，而向右的数位，则依次减少到$\frac{1}{10}$、$\frac{1}{100}$。增加10倍的话，向左进1位，数字后面增加1个0；如果增加100倍的话，向左进2位，数字后面增加2个0。反之，如果向右移1位的话，数字减少为$\frac{1}{10}$，数字后面少1个0。如果向右移2位的话，数字减少为$\frac{1}{100}$，数字后面少了2个0。

同样的数，在不同计数单位的数线中，就会在不同的位置。

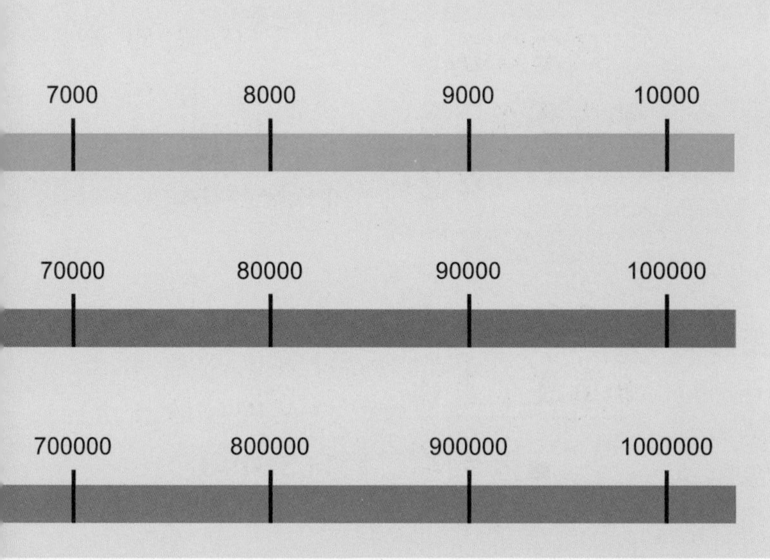

如左图所示，在千位的数线上一大格表示1000；在万位的数线上一大格表示10000，在万位的数线上一小格表示1000。它们之间的数量关系是10倍和$\frac{1}{10}$。

比较数的大小时，可以不用数线，而用数位比较的方式得出答案。位数多的数比较大。

52845
8727　　52845 > 8727

数位相同的数，则从最高的数位开始比大小。

728294
726765　　728294 > 726765

大数的加法和减法

森林里住着一群小矮人。小矮人们每天用大卡车运送森林出产的橘子到相邻的村子。

今天，他们像画里所绘的一样，剩下了许多橘子。

把 52364 和 19478 加起来就可以。想一想，你可以用二年级时学到的笔算方法再算一算。

◉ 加法

$$\begin{array}{r} 52364 \\ +\,1947_{1}8 \\ \hline 2 \end{array}$$

①从个位算起。先计算个位上的数。4+8=12，向十位进 1。

$$\begin{array}{r} 52364 \\ +\,1947_{1}8 \\ \hline 42 \end{array}$$

②十位数的计算，不要忘记进位的数 1，1+6+7=14。

$$\begin{array}{r} 52364 \\ +\,194_{1}78 \\ \hline 842 \end{array}$$

③百位上的数的计算，同样不要忘记进位的数 1，1+3+4=8。

$$\begin{array}{r} 52364 \\ +\,1_{1}9478 \\ \hline 1842 \end{array}$$

④千位上的数的计算，2+9=11，向万位进 1。

$$\begin{array}{r} 52364 \\ +\,1_{1}9478 \\ \hline 71842 \end{array}$$

⑤万位上的数的计算，1+5+1=7。

无论一个数的数位有多少，笔算的方法都是一样的。

● 3 个数的加法

从小矮人国内运送出去的橘子，第一天有 4885 个，第二天有 1274 个，第三天有 8754 个。三天内，小矮人国一共运出多少个橘子？小矮人用以下方法得出了结果。

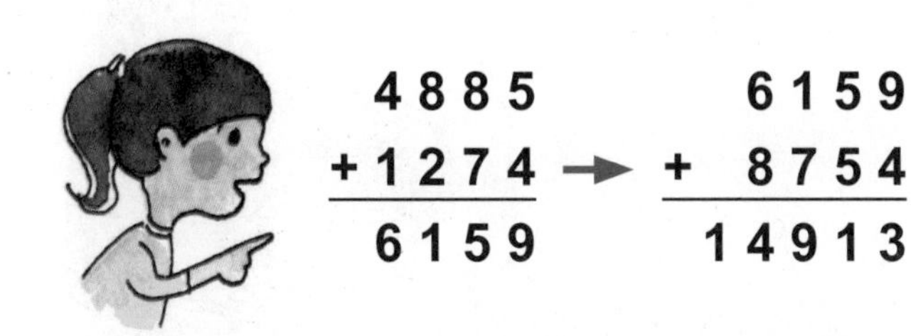

用两次加法得出结果。如下图所示：

第 1 天 + 第 2 天 = 第 1、2 天

第 1、2 天 + 第 3 天 = 第 1、2、3 天

另外一种方便的计算方法为三天一次加起来：

第 1 天 + 第 2 天 + 第 3 天

$$\begin{array}{r} 4885 \\ 1274 \\ +\ 8754 \\ \hline \end{array}$$

如前面所学的方法，从个位开始依次计算，即可得出结果。

学习重点

大数的加法、减法，也是将数位排列对齐，从个位开始计算。

◉ 减法

减法也是同样的计算方法。

$$\begin{array}{r} 8435 \\ -\ 946 \\ \hline 9 \end{array}$$

①首先，从个位上的数算起。5–6 不够减，从十位上借 1，15–6=9。

$$\begin{array}{r} 8435 \\ -\ 946 \\ \hline 89 \end{array}$$

②十位上的数由于被借走 1，变成 2–4，不够减，从百位上借 1，12–4=8。

$$\begin{array}{r} 8435 \\ -\ 946 \\ \hline 489 \end{array}$$

③百位上的数的计算 3–9，不够减，向千位借 1，13–9=4。

$$\begin{array}{r} 8435 \\ -\ 946 \\ \hline 7489 \end{array}$$

④千位上的数由于被百位借走 1，成为 8-1=7。

无论大数或小数的加法或减法，都要从个位开始计算。

加、减法简便计算

1. 换成容易计算的数

想一想

写成算式72+98，心算无法立即说出得数。想一想，有没有更容易的办法，可以马上说出得数。

98离100很近，只差2。如果是72+100就可以马上说出得数。得数是172。然而算式是72+98，想一想，怎么办呢？

仔细看一看，下面的方法是不是就比较简单了！

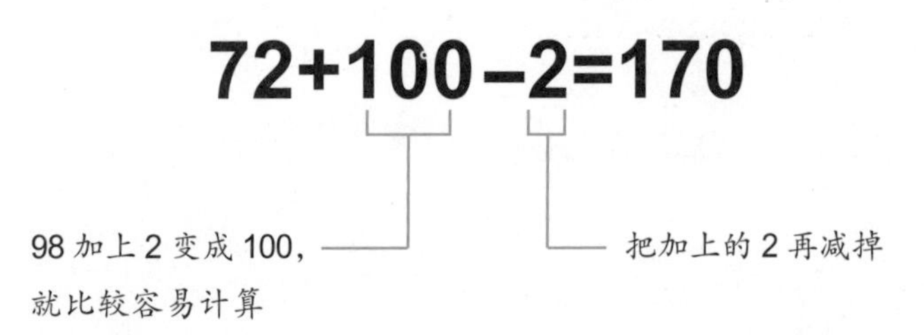

2. 换成容易计算的数

想一想

用“换成容易计算的数”的方法计算下面的算式。

170−96

96离100很近，只差4，那么就把96当成100算一算。170−100，容易计算多了，然而这并不是正确的得数。请运用正确的计算方法观察下面的计算哦！

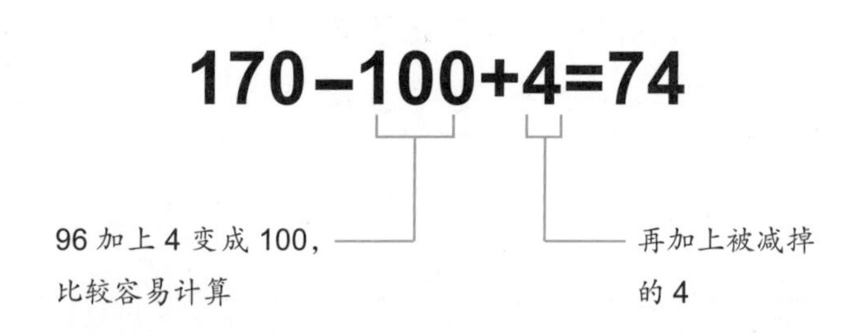

3. 278+154-134 的计算

某一家公司有两间仓库。两间仓库分别存放了 278 个和 154 个包裹。现在，公司的人要从 2 号仓库领出 134 个包裹。请问，这两间仓库全部剩下多少个包裹？

列算式为 278+154−134，用更快的计算方法想一想，求出得数。

从 2 号仓库就足够领出 134 个包裹，所以只考虑 2 号仓库，得到 154−134 的算式。全部算式可以写成：

278+154−134

278　+20　=298

2 号仓库剩下的包裹

4. 472-24-36 的计算

4 号仓库里共存放了 472 个包裹。某一天，2 辆卡车来领取包裹，分别领出 36 个、24 个。想一想这个问题的计算方法。

列算式为 472−24−36。2 辆卡车运出的总包裹数，和将包裹合起来放在同一辆卡车上的包裹数是一样的。

472− 24+36

472−60=412

整　理

是将算式合起来计算还是分开计算，关键看数据与运算哪种方便。

巩固与拓展 1

整 理

1. 一万和十万的数位

（1）一万

10 个 1000 是一万，写作 10000。

（2）十万

10 个 10000 是十万，写作 100000。

（100 个 1 万是 100 万，1000 个 1 万是 1000 万。）

（3）数位

右表中的数读作三千九百二十四万八千七百零五。

试一试，来做题。

1. 小华和妈妈到电器行买东西。想一想，下面的问题怎么回答？

①妈妈用 100 张 100 元纸币和 10 张 10 元纸币买了一部大电视机。妈妈总共付了多少元？

千万位	百万位	十万位	万位	千位	百位	十位	个位
3	9	2	4	8	7	0	5

（4）把汉字改写成阿拉伯数字

把十二万七千五百六十八改写成阿拉伯数字。

十二万七千五百六十八 ➡ 127568

2. 10 倍和$\frac{1}{10}$的数

（1）10 倍的数

573 的 10 倍是在 573 右边加 1 个 0。

573 的 10 倍 ➡ 5730

（2）$\frac{1}{10}$的数

540 的$\frac{1}{10}$是把个位上的 0 删去。

540 的$\frac{1}{10}$ ➡ 54

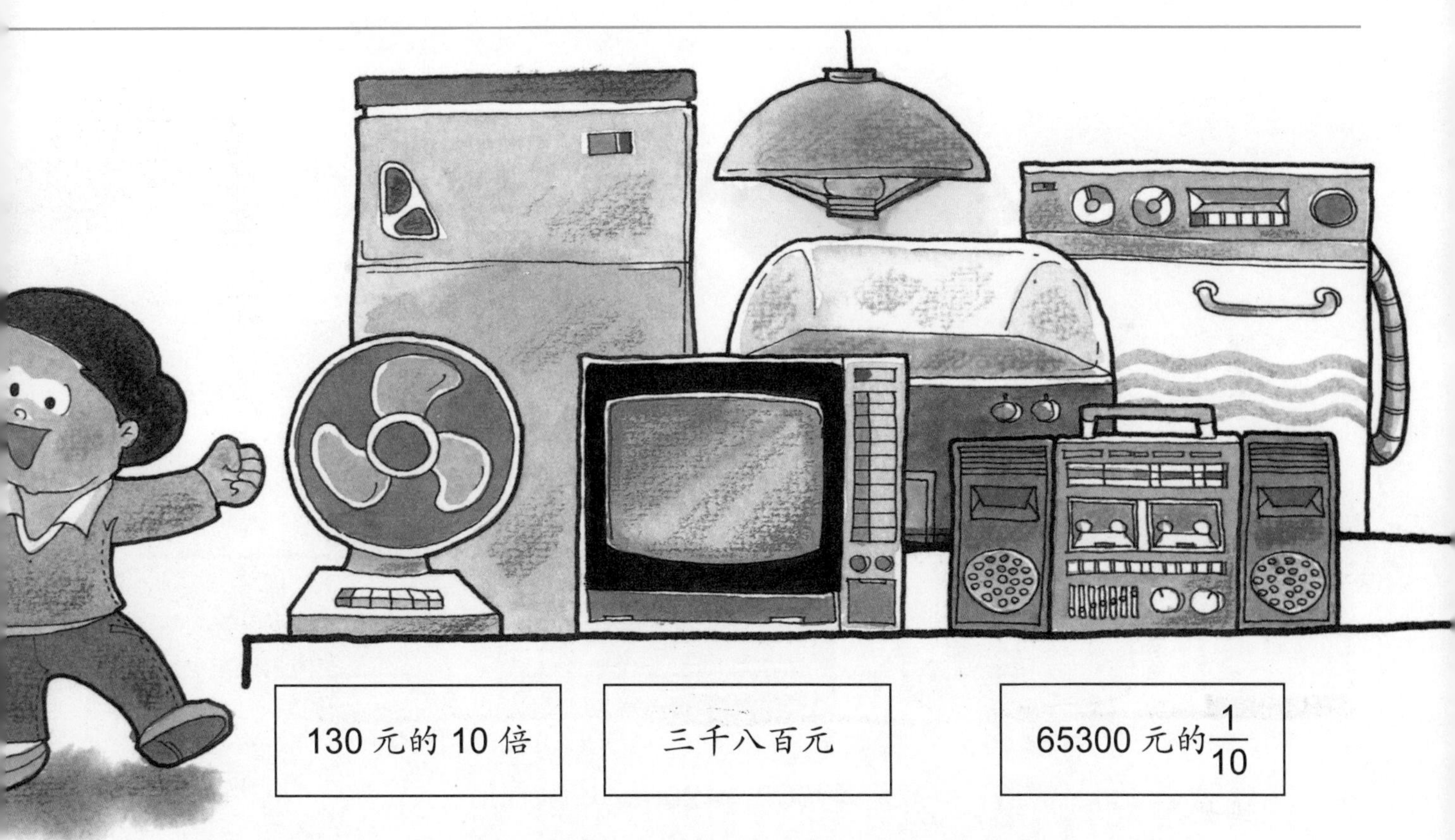

130 元的 10 倍　　三千八百元　　65300 元的$\frac{1}{10}$

②架子上的商品都贴了标价，请用阿拉伯数字把这些标价一一写出来。

 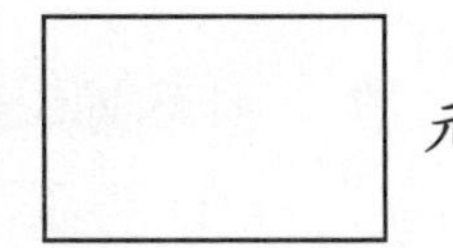 元 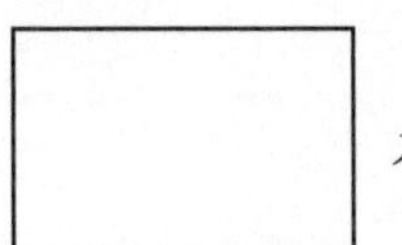  元  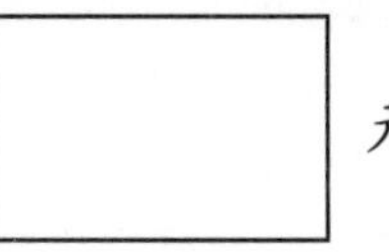 元

答案：① 10100　② 1300、3800、6530

解题训练

■ 数的结构

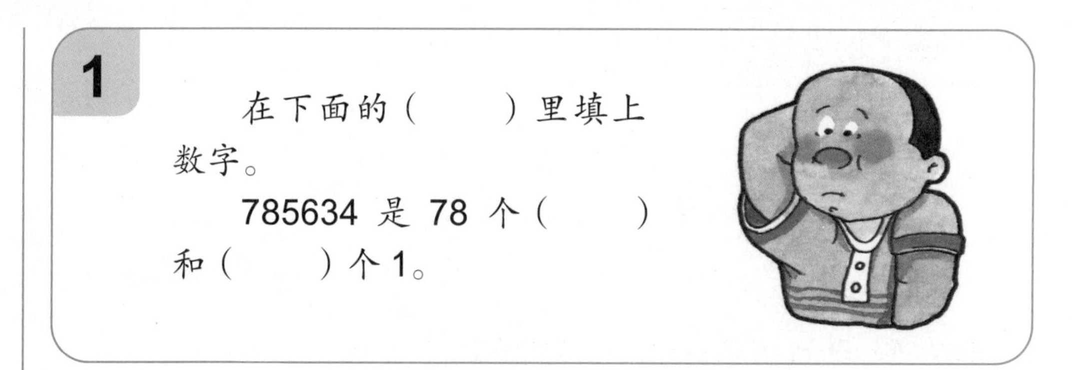

1

在下面的（　　）里填上数字。

785634 是 78 个（　　）和（　　）个 1。

◀ 提示 ▶

想一想，7、8、5 各是哪个数位？

解法：

7 是 70 个 10000
8 是 8 个 10000
} “78 个”是在万级上。

5 是 5 个 1000
6 是 6 个 100
3 是 3 个 10
4 是 4 个 1
} 后面的 1 共有 5000+600+30+4=5634。

答：10000、5634。

■ 用数线来看数的结构。

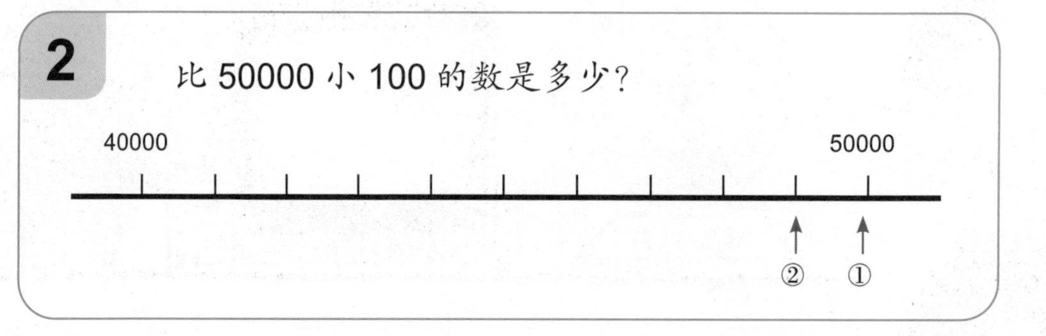

2

比 50000 小 100 的数是多少？

◀ 提示 ▶

看一看数线，比 50000 小 1000 的数在哪 1 格？

解法：数线的每一格表示 1000。比 50000 小 100 的数在①的位置。②是 49000，49000 比 50000 小 1000。把 1000 分成 10 等份，每一个小等份就是 100。

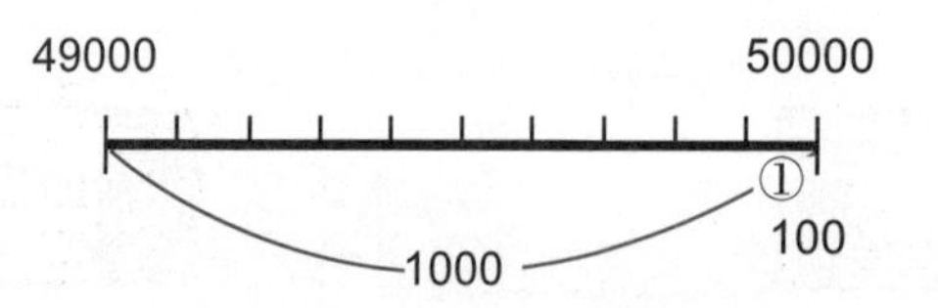

答：比 50000 小 100 的数是 49900。

■ 把阿拉伯数字改写成汉字。

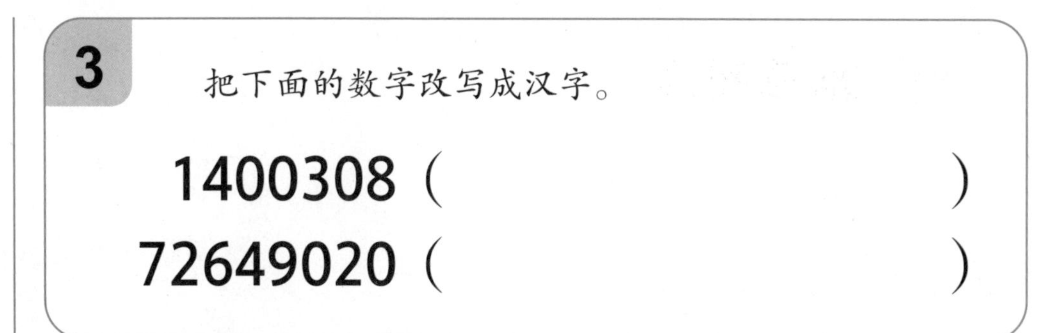

3 把下面的数字改写成汉字。

1400308（　　　　　　　　　　　　）

72649020（　　　　　　　　　　　　）

◀ 提示 ▶

注意各个数位。

解法：把数字写在下面的数位表中，一面读出数字，一面改写成汉字。

千万位	百万位	十万位	万位	千位	百位	十位	个位
	1	4	0	0	3	0	8
7	2	6	4	9	0	2	0

答：一百四十万零三百零八、
七千二百六十四万九千零二十。

■ 把数字扩大到 10 倍，也就是乘 10 倍。

4 25 的 100 倍等于多少？

25 ——→ ?
100 倍

◀ 提示 ▶

乘 100 倍等于先乘 10 倍，再乘 10 倍。

解法：$100=10\times10$。先把 25 乘 10 倍，再乘 10 倍。

25 的 10 倍等于 250

250 的 10 倍等于 2500。

乘 10 倍是在原来的数字右边加上 1 个 0，乘 100 倍是在原来的数字右边加上 2 个 0。

答：25 的 100 倍等于 2500。

加强练习

1. 123000 的$\frac{1}{100}$和$\frac{1}{1000}$各是多少？

① 123000 的$\frac{1}{100}$是多少？在正确数字的（　）里画“○”。

（　）12300

（　）1230

（　）123

②①的答案的百位数字是多少？

（　）1

（　）2

（　）3

③ 123000 的$\frac{1}{1000}$是多少？

2. 把 50 张纸为 1 沓，一共有 110 沓。

① 50 张纸为 1 沓，10 沓一共有多少张纸？

张

② 100 沓有多少张纸？

张

③ 110 沓有多少张纸？

张

解答和说明

1. ①乘$\frac{1}{10}$就是把原来数字个位上的 0 去掉。乘$\frac{1}{100}$就是去掉数字末尾 2 个 0。

②原来数字的万位数字。

③乘$\frac{1}{1000}$就是去掉数字末尾 3 个 0。

答：1230、2、123。

2. ①把 50 乘 10 倍。乘 10 就是在原来数字的右边加上 1 个 0。

答：500 张。

②把 50 乘以 100 倍。乘以 100 倍是在原来数字的右边加上 2 个 0。

答：5000 张。

③把①和②的张数相加，500 张加 5000 张等于 5500 张。

答：5500 张。

3. 用下面 6 张卡片拼出最大的六位数和最小的六位数。

6	4	0
5	2	8

①用全部的卡片可以拼出的六位数中，最高的数位是什么？

☐ 数位

②写出最大的六位数。

☐

③写出最小的六位数。

☐

4. 小华和小英各有 1 张数字卡片。小华的卡片上的数字有 6 个 100 万和 8768 个 1。小英的卡片上的数字比 687 万小 30。

①小华的卡片上的数字是多少？

☐

②小英的卡片上的数字是多少？

☐

③小华和小英的卡片上的数字哪个大？用 > 或 < 填写。

小华 ☐ ☐ ☐ 小英

3. 有 6 个数位，所以该数的最高数位是十万位。

答：十万位。

②把六个数中最大的数填在最高的数位上，然后依次排列，这个数就最大。

答：865420。

③不要把 0 填在十万的数位上。想一想，为什么呢？

答：204568。

4. ① 600 万和 8768 的和。

答：6008768。

② 6870000−30=6869970

答：6869970。

③答：6008768<6869970。

巩固与拓展 2

整理

1. 大数的加法、减法

大数如 24312+60992 的加法、减法的方法和万以内的数如 312+992 的加法、减法的方法是一样的。

$$\begin{array}{r} 24312 \\ +\ 60992 \\ \hline 85304 \end{array}$$

- 按照个位、十位、百位……的顺序计算。
- 注意进位的数位。

试一试，来做题。

1. 小英的妈妈去百货公司买东西。

①妈妈买了 26500 元的衣服和 18700 元的手提包。妈妈一共花了多少元？

算式［　　　　　　　　］

答 □ 元

②妈妈一共付了 5 万元，请问可以找回多少元？

算式［　　　　　　　　］

答 □ 元

答案：1. ① 26500+18700=45200，45200；② 50000−45200=4800，4800。

2. 心算

在计算如 42+35、91−56 两位数加法和减法，可以用下面的方法心算。

42+35=77 { 42 加上 30 等于 72；72 加上 5 等于 77 }

91−56=35 { 91 减去 50 等于 41；41 减去 6 等于 35 }

计算大数时，还可以变换单位，这样就相当于做较小数的心算。

计算 5400+2800 时，如果以 100 做单位，算式为：54+28=82，然后再还原为 5400+2800=8200。

计算 450000−180000 时，如果以万为单位，算式则为：45 万 −18 万 =27 万。

---

2. 计算练习

（1）在□里填上 =、< 或 > 符号。

① 8000+7000 □ 20000　　② 150000 □ 950000−80000

③ 47 万 +28 万 □ 65 万　　④ 260 万 −205 万 □ 65 万

⑤ 31 万 −28 万 +15 万□ 63 万 +50 万 −95 万

⑥ 97−83 □ 39−25　　⑦ 115−47 □ 37+29

⑧ 520 万 −470 万 +30 万 □ 100 万

（2）算一算

① $\begin{array}{r} 60295 \\ +\ 52778 \\ \hline \end{array}$　② $\begin{array}{r} 76213 \\ -\ 28326 \\ \hline \end{array}$　③ $\begin{array}{r} 80012 \\ -\ 9535 \\ \hline \end{array}$　④ $\begin{array}{r} 90517 \\ +\ 19683 \\ \hline \end{array}$

答案：2.（1）① <；② <；③ >；④ <；⑤ =；⑥ =；⑦ >；⑧ <。（2）① 113073；② 47887；③ 70477；④ 110200。

解题训练

■ 变换单位，练习心算。

1

小明买了650元的书和170元的杂志。请问小明总共花了多少元？

用心算试一试。

◀ 提示 ▶

以10为单位，650可当成65。

解法：算式为：650+170。650是65个10，170是17个10。所以以10为单位时，650+170可简便计算为：65+17。

65+17=65+10+7=82。

82个10等于820。

答：小明总共花了820元。

■ 变换单位，做减法的心算。

2

甲学校有学生1300人，乙学校有学生900人。乙学校的学生人数比甲学校的学生人数少多少人？请用心算回答。

◀ 提示 ▶

以100为单位时，1300可以当成13。

解法：算式为：1300–900。1300是13个100，900是9个100。以100为单位时，1300–900可简便计算为：13–9，13–9=4。4个100等于400。

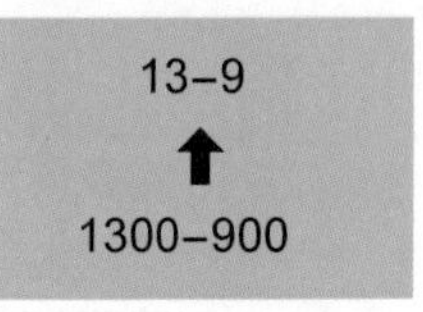

答：乙学校的学生人数比甲学校的学生人数少400人。

■ 大数的加减法。注意有多次进位和退位。

3

甲地的全部人口中，男性人数有 139786 人，女性人数有 141435 人。

①甲地的全部人口一共有多少人？

②甲地的女性人数比男性人数多多少人？

③甲地的人口比 30 万人少多少人？

◀ 提示 ▶
计算时要注意进位和退位的情况。

解法：①把 139786 和 141435 相加，共有 4 次进位。

139786+141435=281221（人） 答：281221 人。

②从 141435 减去 139786。

141435−139786=1649（人） 答：1649 人。

③利用①的计算得数，列式为：

300000−281221=18779（人） 答：18779 人。

■ 注意位数的对齐。

4

小英的爸爸拿了 2 万元去买一部照相机，付完钱后，还剩 4050 元。请问这部照相机的价钱是多少元？

◀ 提示 ▶
想一想，找钱的算式是什么？

解法：把 2 万元先转换成整数元，2 万 =20000。拿的钱 = 货品的价钱 + 剩的钱，所以，货品的价钱 = 拿的钱 − 剩的钱。列式为：

20000−4050=15950（元）

答：这部照相机的价钱是 15950 元。

加强练习

1. 拿 1000 元买 450 元的大衣和 90 元的裤子，还可以剩多少元？

算式［　　　　　　］

答 □ 元

2. 小玉的爸爸买了 1 台 14870 元的电视机。爸爸拿了数张 100 元的纸币和数张 10 元的纸币，结果还剩 2 张 100 元的纸币。请问小玉的爸爸一共拿了多少元？

算式［　　　　　　］

答 □ 元

3. 下面的表格表示甲地的人口数。

街名	人口（人）
东街	43021
西街	38890
南街	40129
北街	36003
合计	

①人口最多的街和人口最少的街相差多少人？

算式［　　　　　　］

答 □ 元

②计算甲地的全部人口数，把得数写在框里。

解答和说明

1. 东西的全部价钱是 450+90，一共为 540 元。

拿的钱 – 货品的价钱 = 剩的钱

1000–540=460（元）

答：还可以剩 460 元。

2. 拿的钱 –14870=200，所以，拿的钱 =14870+200=15070（元）。

答：小玉爸爸一共拿了 15070 元。

3. ①东街人口 43021 人减去北街人口 36003 人，即 43021–36003=7018（人）。

答：7018 人。

②用不同的方法算一算。

答：158043 人。

4. 爸爸给妈妈 1100 元，如果把 1100 元和妈妈原有的钱相加，妈妈一共有 15000 元。

妈妈原有多少元？

算式 [　　　　　　　　]

答 □ 元

5. 甲地今年的人口是 30121 人，比去年增加了 2173 人。

甲地去年的人口有多少人？

算式 [　　　　　　　　]

答 □ 元

6. 今年募捐协会的募款是 30256 元，去年的募款比前年的募款少 485 元，今年的募款又比去年的募款多 5028 元。

①前年的募款是多少元？

算式 [　　　　　　　　]

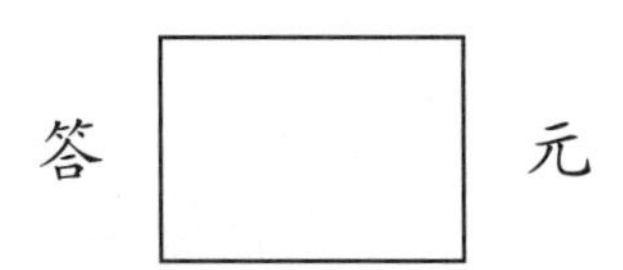

答 □ 元

②下面有两个算式，哪一个算式可以计算今年的募款和前年的募款的相差数。在正确的算式上画“○”，把答案也写出来。

a.5028+485

b.5028−485

算式 [　　　　　　　　]

答 □ 元

4. 原有的钱 + 后来得到的钱 = 全部的钱，所以，□元 + 1100 元 =15000 元。□是：15000−1100=13900（元）。

答：妈妈原来有 13900 元。

5. □人 +2173 人 =30121 人，

□是：30121−2173=27948（人）。

答：甲地去年的人口是 27948 人。

6. ①画图想一想。

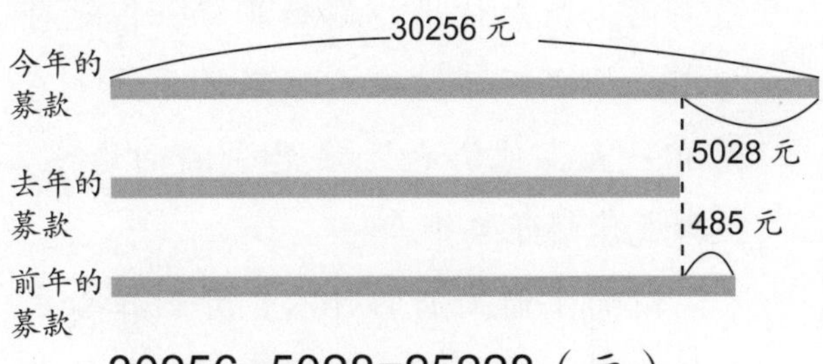

30256−5028=25228（元）

25228+485=25713（元）

答：前年的募款是 25713 元。

② 5028−485=4543（元）

答：差额是 4543 元。

数的智慧之源

狡猾的仆人

一位藏有名贵葡萄酒的老先生，他一共有28瓶心爱的葡萄酒。这位老先生为了随时能够检查葡萄酒是否被偷，而将这些葡萄酒排成下面图中的方式，并藏在暗室里。

除了正中间的横排和竖排，其他每一横排或竖排都是9瓶葡萄酒。但是，看守这个暗室的仆人十分狡猾，而且也很想喝主人的葡萄酒。在刚开始看守暗室的前几天，仆人很认真尽责地看守着葡萄酒，虽然他很想偷喝几口，但是却想不出偷喝而不被主人发现的方法。直到有一天，他再也无法忍受酒的诱惑，一口气偷喝了4瓶。

偷喝了葡萄酒的仆人，开始担心主人的责骂，焦急万分地思索应该如何欺骗主人，才能免于被惩罚。

终于，他想到了一个好方法。他将剩下的酒排成以下形式，就可以瞒过主人的眼睛了。

有一天，主人照例来暗室巡查。他数过一遍，看到除正中间外，其他每一排都是9瓶葡萄酒，就很放心地回去了。但是喜爱喝酒的仆人，仍抵抗不了酒的诱惑，又偷偷地喝了4瓶。

嗯……这一次该怎么排列，才不会被主人发现呢？

这位狡猾的仆人，这一次将排列方式换成上图。仍然是除中间排外，上下竖排、左右横排都是9瓶葡萄酒。

小朋友，你猜，这一次主人是否又被狡猾的仆人瞒过了呢？

多变的算式

用算式来表达

加法的算式

蚂蚁学校正在上课，教加法的算式。

大蚂蚁的想法

红色的棒子有34厘米长，蓝色的棒子比它长15厘米。

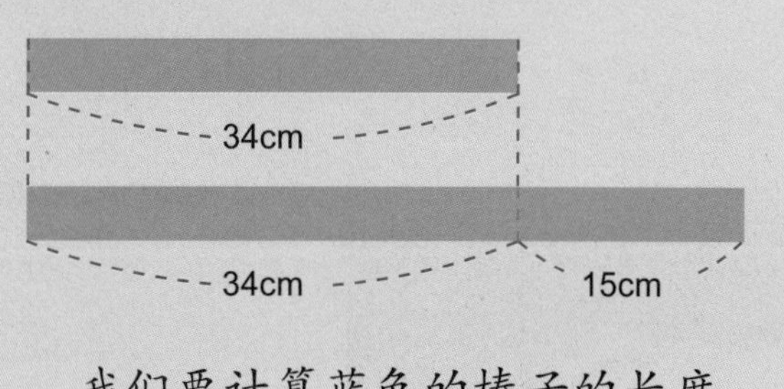

我们要计算蓝色的棒子的长度。

黑蚂蚁的想法

棒棒糖舔完了34厘米，还剩下15厘米。

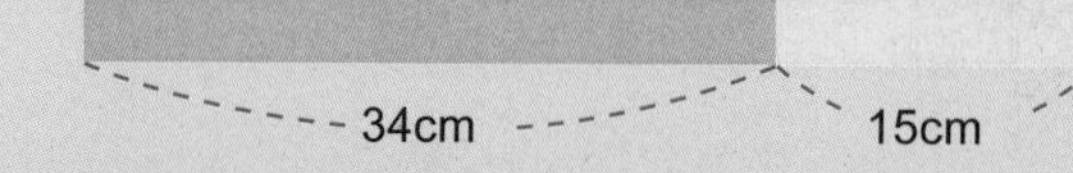

那么，棒棒糖原来的长度是多少厘米呢？

红蚂蚁的想法

我去买糖果，老板少算我15元，我只付了34元，那么，原来的价钱应该是多少元呢？

※ 加法是两个数合并成一个数的运算。例如，比34大15的数，我们可以用“+”来算，34+15等于49，所以写成：34+15=49。

学习重点

①两个数的合并与去掉，可用加法或减法算式表示。　②“几个几”“几的几倍”可以用乘法算式表示。

◉ 减法的算式

接下来，我们再来看 28–15。

28–15

◆ 大蚂蚁的想法

这是比较同伴的多少，比一比，28 只比 15 只多出多少只？

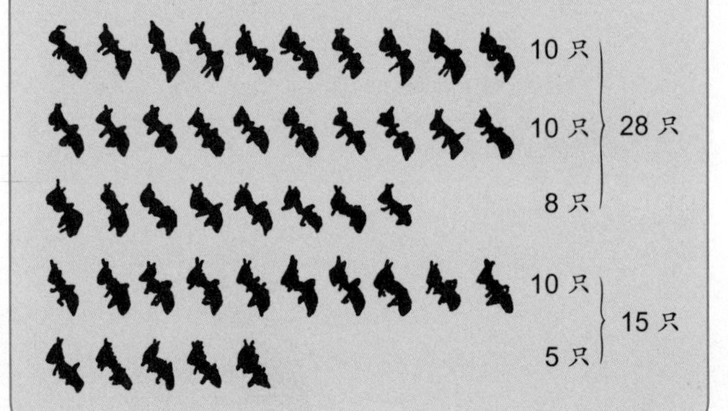

◆ 黑蚂蚁的想法

哥哥找到的食物比我多 15 颗，他一共找到 28 颗食物。

那么，我一共找到多少颗食物呢？

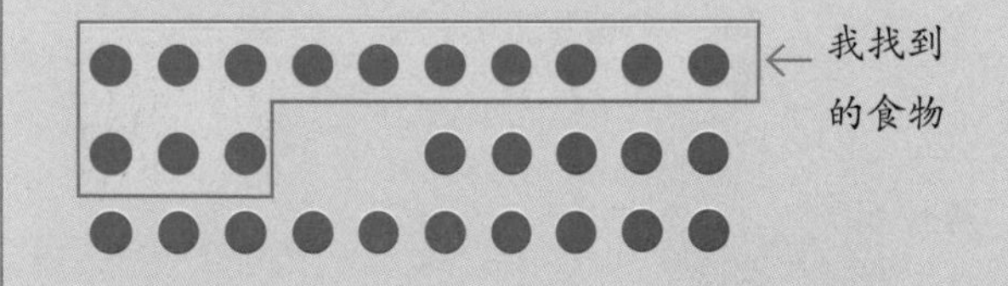

◆ 红蚂蚁的想法

我的同伴总共有 28 只。但是现在只有 15 只在家，那么，有几只不在家呢？

※ 减法是已知两个加数的和与其中一个加数，求另一个加数的运算。例如，求比 28 小 15 的数，我们可以用“–”来算，28–15 等于 13，所以写成：28–15=13。

乘法的算式

想一想这道乘法题。

黑蚂蚁的想法

每4只蚂蚁为一队，一共有7队，就是7个4。那么，总共是多少只蚂蚁呢？

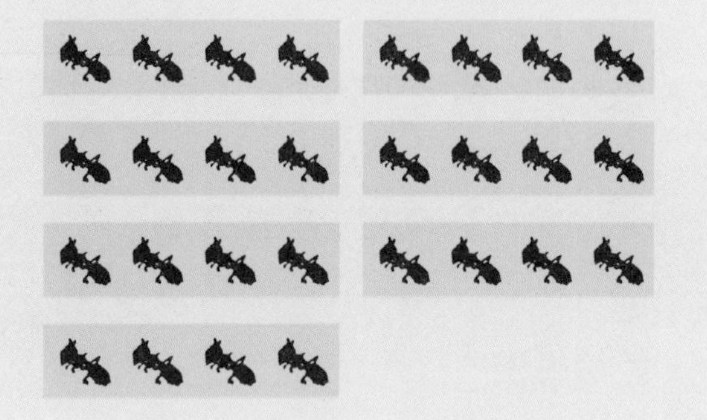

红蚂蚁的想法

不是啦，应该是每7只蚂蚁为一队，一共有4队，就是4个7。总共有多少只蚂蚁呢？

两个想法都很好，虽然得数相同，但是意义并不一样哦！

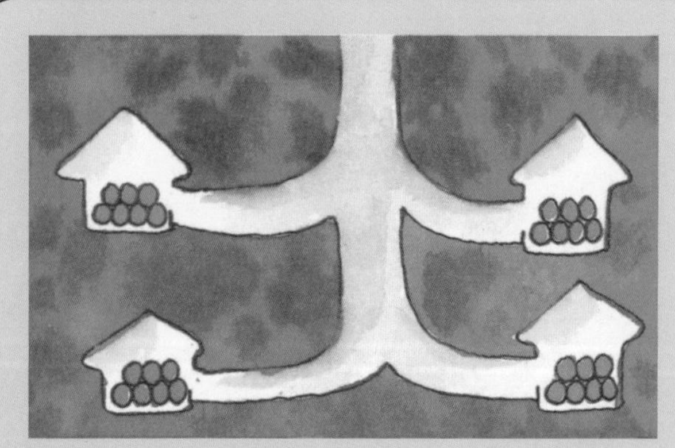

小蚂蚁的想法

装食物的仓库有4座，每一座仓库里面都装7堆食物，就是4个7堆。那么，总共有多少堆食物呢？

◆ **大蚂蚁的想法**

每个星期有 7 天，那么 4 个星期一共有多少天呢？

把果汁平均分配给 4 个人，每个人 7 升，那么，原来的果汁总共有多少升？

日	一	二	三	四	五	六
1	2	3	4	5	6	7
8	9	10	11	12	13	14
15	16	17	18	19	20	21
22	23	24	25	26	27	28

7 升　7 升　7 升　7 升

平均分配的情况也可以用乘法吗？

原来的果汁是 7 的 4 倍，当然可以用乘法来计算呀！

乘法可以理解为求几个相同加数的简便运算。

例如：7+7+7+7，可以写成：$7\times4=28$。

整　理

（1）34+15 的算式，是要计算比 34 大 15 的数。

（2）28−15 的算式，是要计算比 28 小 15 的数。

也就是计算 15 加多少等于 28。

（3）7×4 是要计算 7 的 4 倍是多少。

（4）34+15=49，28−15=13，$7\times4=28$。

新的符号

◉ 等号“=”、大于号“>”和小于号“<”

35+78=100+13

◆ = 代表什么意思呢？

“=”表示左边与右边的数或算式完全相同，我们称 = 为“等号”。

等号并不是只用在写得数的时候哦！

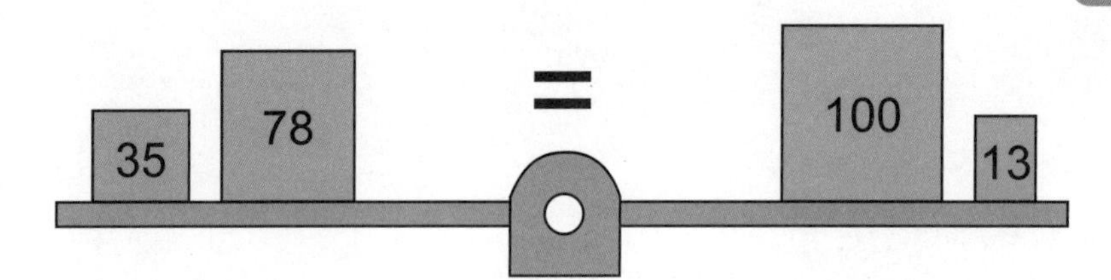

另外，也可以写成：

35+78=35+100−22

900>724

◆ 当左右两边的数或算式不相同的时候，要用什么样的符号呢？

>、<叫作大于号和小于号。

左右两边的数或算式不同的时候，可以用大于号（>）或小于号（<）来表示。

左边的比右边的大的时候用“>”，左边的比右边的小的时候用“<”来表示。开口朝向大的那边。

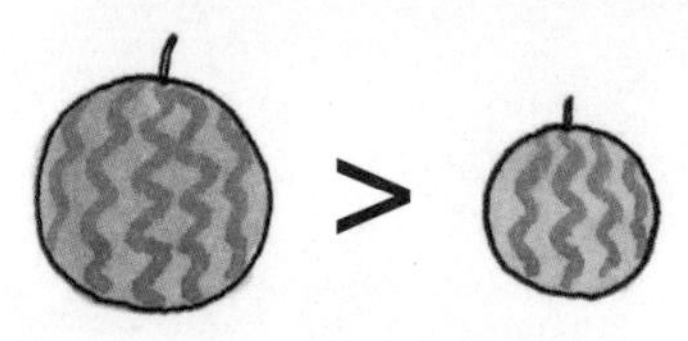

左边比右边大时

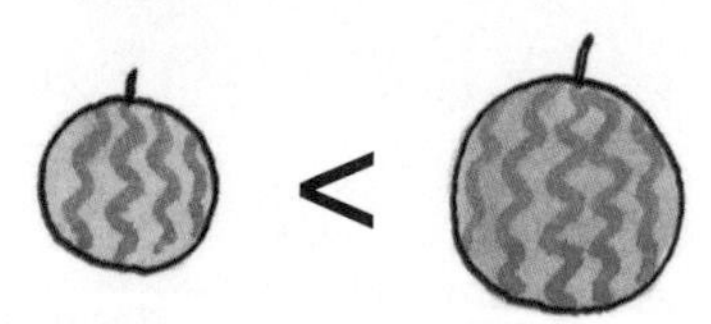

左边比右边小时

◆ 不等号也可以用来表示左右两边的关系。

学习重点

= 或 >、< 的用法，比较两边数的大小。

蚂蚁学生们纷纷在想□内的数字应该是多少？

5 就不对了哦。

还可以是多少呢？不要忘记 0 哦，因为 400<450。

例 题

8+ □ <10，

请问□中可以放进 0、1、2、3 之中的哪一个数字？只有两个数字哦！想一想！

整 理

（1）“=”叫作等号，左边与右边的数或算式完全相同的时候，就用等号来表示。

（2）“>”叫作大于号，“<”叫作小于号，用来表示左右两边的数或算式不相等。

用□表示未知数的式子

◉ 有□的加法

上面是合计买两种东西的全部费用，其中一个费用被藏起来了，能否算出被藏起来的数？

□ +280=632

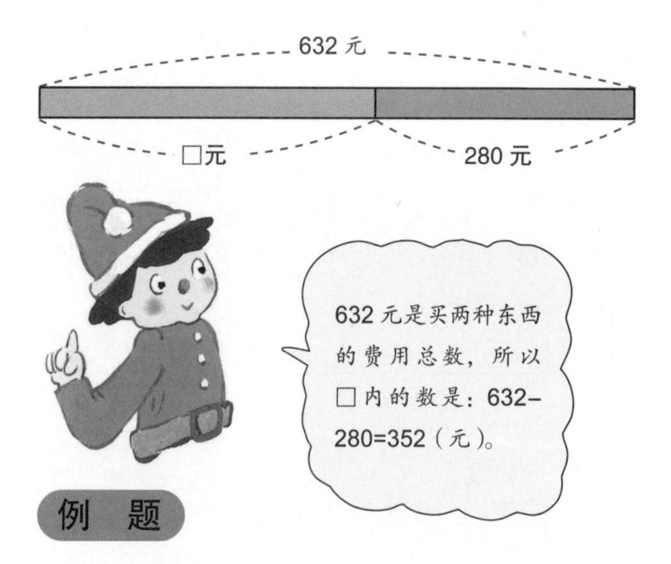

例　题

52 毫米高的小矮人站在塔上，变成了 237 毫米。

请问小矮人所站的塔有多高？

想一想

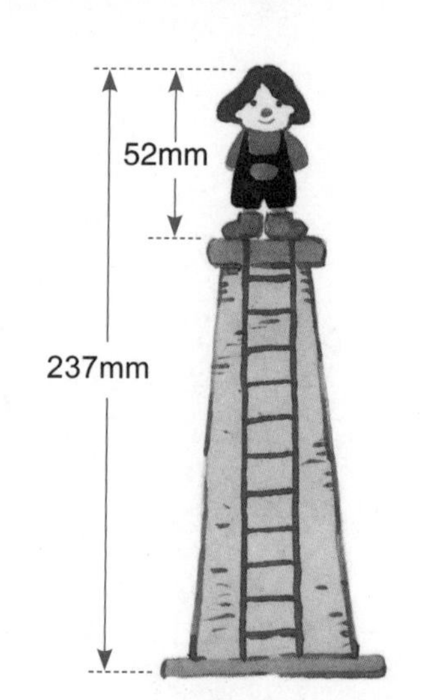

小矮人的身高加上塔的高度总共是 237 毫米，因此，如果用□代替塔的高度，那么我们可以写成 52+ □ =237。

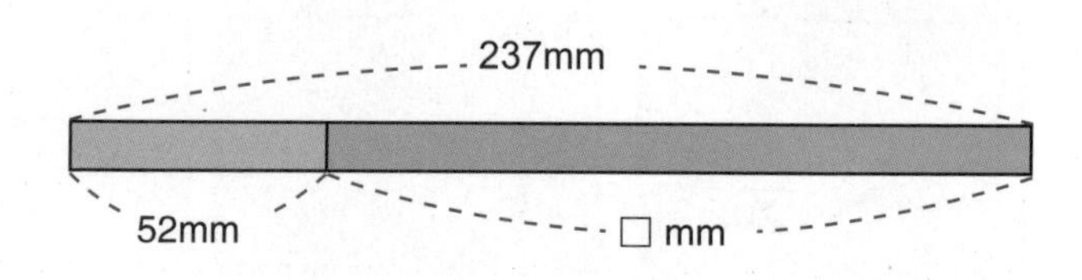

□ =237−52

塔的高度是 185 毫米。

◉ 有□的减法

这双靴子便宜了 125 元，所以只付出了 785 元，请问它原来的价钱应该是多少元？

如果我们用□元代替原来的价钱，那么，可以写成：□ −125=785。

让我们用图解来表示。

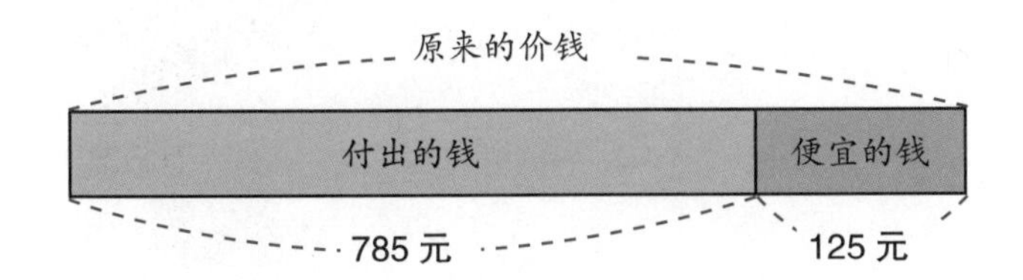

付出的钱加上便宜的钱，就是原来的价钱。

原来的价钱 =785+125=910 元。

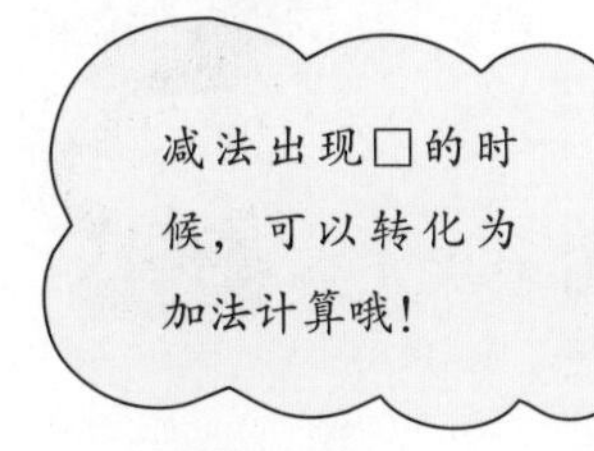

做减法的时候，不一定要用加法才能算出□！

例　题

仓库内本来有 120 颗栗子，但被老鼠偷吃了，只剩下 86 颗栗子，老鼠到底偷吃了多少颗栗子？

学习重点

未知的数用□代替或用□来计算。

被吃掉的栗子用□代替，剩下的栗子是：120− □。

120− □ =86

我们用图解来表示。

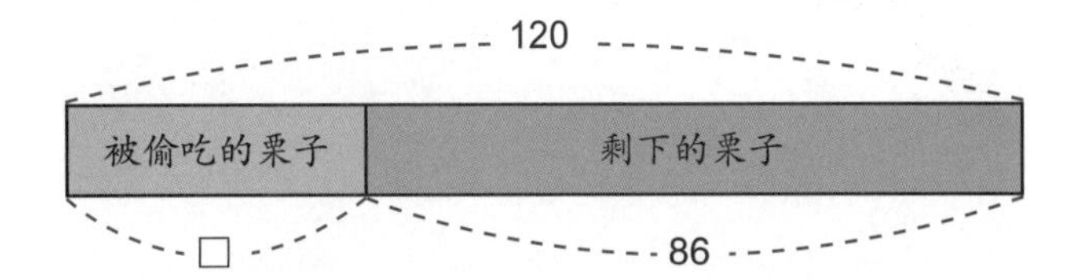

奇怪？减法也可以用□吗？

被偷吃的栗子 =120−86=34（颗）。

老鼠一共偷吃掉 34 颗栗子。

整　理

（1）□ +280=632

52+ □ =237

加法的□可以用减法计算出来。

（2）□ −125=785

第一个数可以用加法计算出来。

（3）120− □ =86

减少的数用减法计算出来。

◉ 有□的乘法

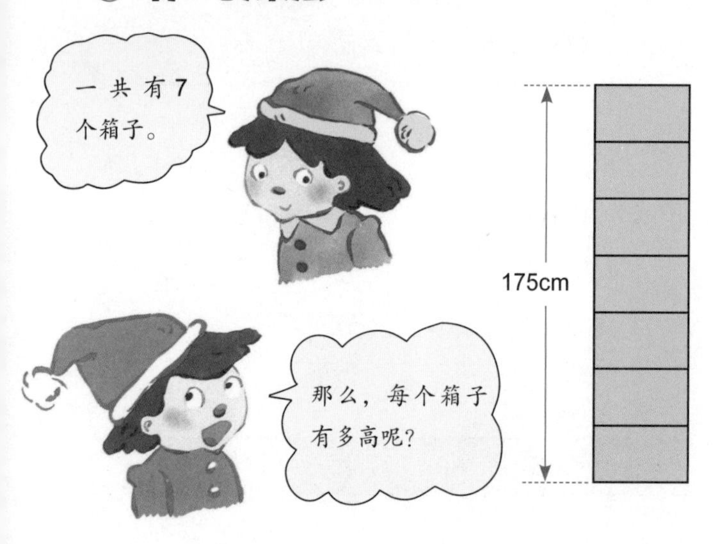

175 厘米是一个箱子高度的 7 倍。一个箱子的高度用□代替，列算式为：

□ ×7=175

175 厘米分成 7 等份，就可以算出每一个箱子的高度。

□ =175÷7=25 厘米

因此，每个箱子的高度是 25 厘米。

例　题

小矮人用卡车运砂糖。砂糖总共重 144 千克。卡车每次运 4 千克，请问一共要运多少次？

用□次代替卡车运送的次数，就变成下面的乘法。

4× □ =144

□ =144÷4=36（次）

需要运 36 次。

◉ 有□的除法

◆ 每个瓶子可以装 8 升糖水，水箱里面要有多少升的糖水才能装满 25 个瓶子？

这是□ ÷25 的除法。

□ ÷25=8

我知道啦，水箱里的糖水是 8 升的 25 倍。

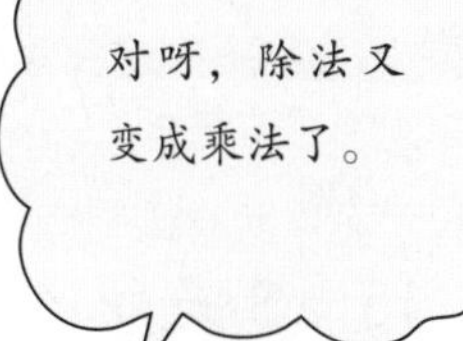

我知道了，用乘法计算，所以应该有：$36\times3=108$（人）。

错了，搬木头的人根本没有这么多嘛！

水箱内的糖水 $=8\times25=200$（升）。

等于 20000 毫升。

有 36 根木头，每人搬 3 根，一次就全部搬完了，请问一共有多少人搬呢？

用□人代替搬的人数，每人搬 3 根，所以列算式为：36÷ □ =3。

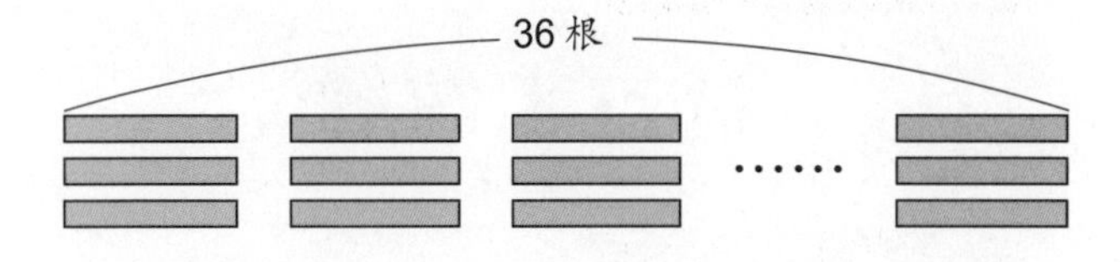

只要想一想 36 是 3 的几倍就行了。

□ =36÷3=12（人）

答：一共有 12 人。

整　理

（1）□ ×7=175

4× □ =144

用除法计算出来□内的数。

（2）□ ÷25=8 中的被除数，用 8×25 的乘法计算出来。

（3）36÷ □ =3 中的除数，可以用 36÷3 的除法计算出来。

巩固与拓展

整 理

1. 用 +、–、×、÷ 连接的算式

每支铅笔是 8 元，6 支的价钱是（8×6）元。

8×6 是表示 6 支铅笔价钱的算式。

45÷3 是把 45 元平分给 3 人，计算每人分得钱数的算式。

2. 表示相等的算式

哥哥有 600 元，小明的钱比哥哥少 75 元，小明的钱是（600–75）元。

试一试，来做题。

1. 现在我们一起推算小华全家人的身高吧！

①小华的爸爸身高是 171 厘米。爸爸比小华的身高高 35 厘米。把小华的身高当作□厘米，列出算式并算出得数。

算式［　　　　　　　　］　　答 □ 厘米

②妹妹的身高加上 12 厘米便是小华的身高。把妹妹的身高当作□厘米，利用①的得数得知小华的身高，然后列出算式并得出妹妹的身高。

算式［　　　　　　　　］　　答 □ 厘米

答案：1. ①□ +35=171，136；②□ +12=136，124。

小明的钱是525元，可以用等号写成600−75=525（元）。

像这样，可以用等号或大于号、小于号写出算式：

154−72=82

154−72<100

3. 使用□的算式

有些算式可用□代表未知数。

把带子分成8等份，每1等份是42厘米。

把原来的带子长度当作□，算式可写成：□ ÷8=42。

4. 得出□的数

□ +72=104 ➡ □ =104−72

□ −15= 32 ➡ □ = 32+15

□× 3= 96 ➡ □ = 96÷3

□÷ 8= 15 ➡ □ = 15×8

5. 用文字写出来的算式

数字虽然不同，但形式相同的算式也可用文字写出来。

全部的多少 = 1份的多少 × 份数

③妈妈的身高是155厘米。155厘米是某个长度的5倍。把某个长度当作□厘米，然后列出算式就可得出某个长度。

算式［　　　　　　　　　　］　答 □ 厘米

答案：1. ③□ ×5=155，31。

解题训练

■ 物品的质量和容器的质量。

1 把 360 克茶叶装进茶叶罐里，茶叶和茶叶罐的总质量是 540 克。

把茶叶罐的质量当作□克，列出算式并计算茶叶罐的质量。

◀ 提示 ▶

把□克当作茶叶罐的质量并列在算式中。

解法：因为（容器的质量）+（物品的质量）=（整体的质量），所以（容器的质量）□克、（物品的质量）360 克、（整体的质量）540 克，可以写成算式：

□ +360=540

□可以从右图中求得。因为□ =540–360，所以□ =180。还有，因为□加上 360 等于 540，所以也可以写成算式：□ +360=540。

540 克
□克
360 克

答：茶叶罐的质量为 180 克。

■ 由减去的数和余数得出原来的数。

2 小英的老师在文具店买了 650 元的书画颜料，结果身上还剩下 290 元。

把原有的钱当作□元，然后列出算式并计算原有的钱数。

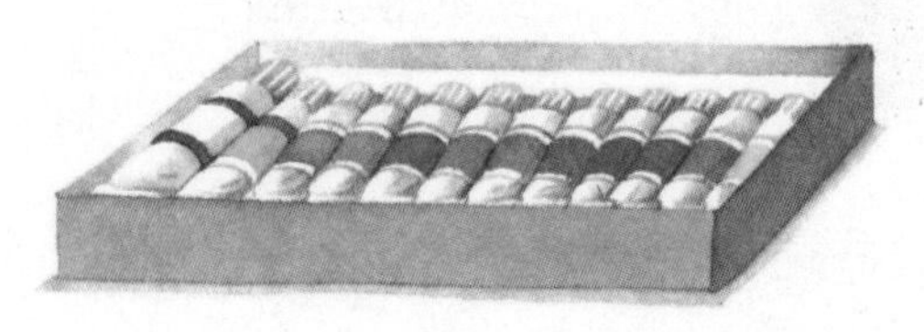

◀ 提示 ▶

把用掉的钱加上剩余的钱就等于原来的钱。

解法： 和 1 相同。原来的钱 − 用掉的钱 = 剩余的钱，所以算式为：□ −650=290。□可以从下图中得出，

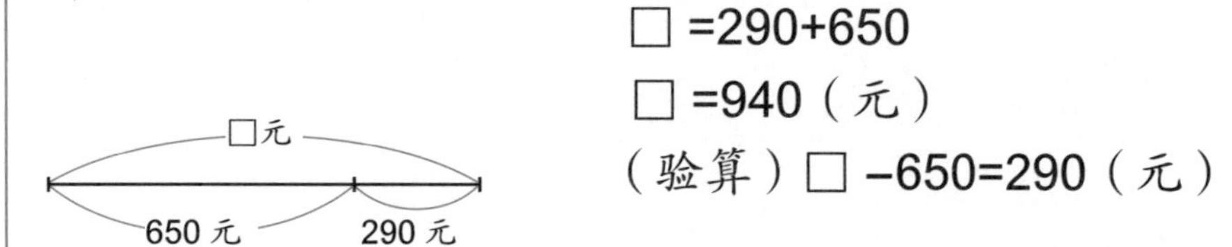

□ =290+650

□ =940（元）

（验算）□ −650=290（元）

答：原来的钱数为 940 元。

■ 利用□做乘法的计算。

2 利用：单价 × 购买的数量 = 货款，回答下面的问题。

① 5 张图画纸是 250 元。把每张图画纸的价钱当作□元，然后列出算式并计算每张图画纸的价钱。

②每颗玻璃球 5 元，买了好多颗玻璃球一共花了 100 元。把购买的数量当作□颗，列出算式并计算购买的玻璃球颗数。

◀ 提示 ▶

利用文字写出来的算式求得数。

解法： ① 1 张的价钱➡ □元、购买的数量 ➡ 5 张、货款 ➡ 250 元，列算式为：□ ×5=250。

由□ =250÷5 求得，□ =50（元）。

答：每张图画纸的价钱为 50 元。

② 1 颗玻璃球的价钱 ➡ 5 元、购买的数量➡ □颗，货款 ➡ 100 元，列算式为：5× □ =100。可由□ =100÷5 求得，□ =20（颗）。

答：购买了 20 颗玻璃球。

加强练习

1. 根据下面的叙述，列出有□的算式，再计算出□。

①□加上 69 等于 102。

算式［　　　　　　　　］

答［　　　］

② 92 减去□等于 75。

算式［　　　　　　　　］

答［　　　］

③ 7 的□倍等于 56。

算式［　　　　　　　　］

答［　　　］

④□除以 3 等于 9。

算式［　　　　　　　　］

答［　　　］

2. 小明打算用 20 元买 1 块 13 元的垫板和 1 块若干元的橡皮擦，并希望找回一些零钱。

小明能够买到几元的橡皮擦？

利用下面的算式计算得数，先假设正好没有找回零钱。

13+ □ =20

答［　　　］

3. 游泳池里原来有 29 人，后来又来了 8 个人。最后因为有若干人回家了，所以游泳池里剩下 31 人。把回家

解答和说明

1. ①□ +69=102

□ =102−69　□ =33

答：33。

② 92− □ =75 这个算式可以用下面的图形表示。

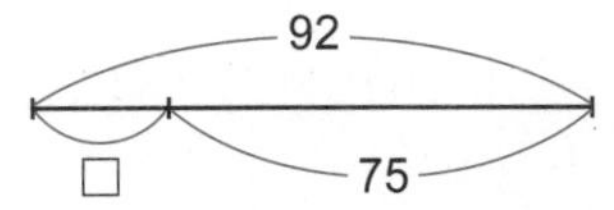

□ =92−75

□ =17　　答：17。

③ 7× □ =56　□ =56÷7

□ =8　　答：8。

④□ ÷3=9　□ =9×3

□ =27　　答：27。

2. 因为 13+ □ =20，所以□ =20−13，□ =7（元）。

但是，买了 7 元的橡皮擦便没有剩余的钱。

答：买比 7 元便宜的橡皮擦。

的人数当作□人，然后列出算式，并计算回家的人数。

算式［　　　　　　　　］

答 □

4. 有 5 种不同的铅笔，价格分别是 2 元、3 元、5 元、9 元、12 元。

小明打算用 50 元买 6 支价钱相同的铅笔，并希望找回一些零钱。请试着回答下面的问题。

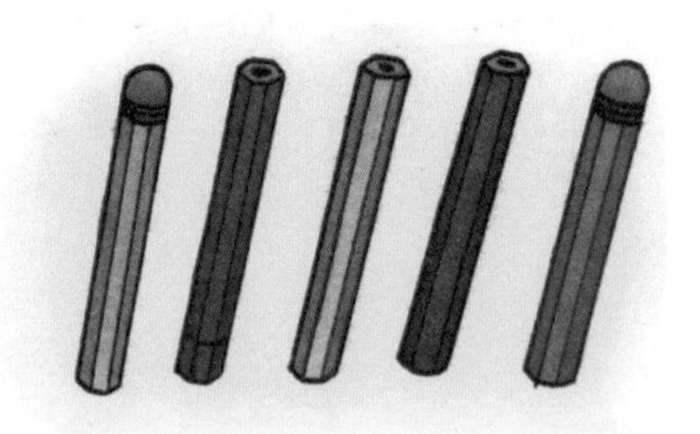

①利用□写出算式。

算式［　　　　　　　　］

②可以买 6 支哪一种价钱的铅笔，并找回零钱？

□ 元

3. 由题目可以列出 29+8- □ =31 的算式，也就是 37- □ =31，所以 □ =37-31=6（人）。

答：回家的人数是 6 人。

4. ①把铅笔的价钱当作□元，算式是□ ×6<50。

②如果 6 支铅笔的价钱刚好是 50 元便没有剩余的钱。在□里填写不同的价钱，并计算看一看：

○ [2] ×6=12

○ [3] ×6=18

○ [5] ×6=30

× [9] ×6=54

× [12] ×6=72

答：可以买 6 支 2 元、3 元或 5 元的铅笔。

认识质量

比一比质量

◉ 称质量的方法

在钓鱼比赛时，几位猴小弟钓了好多鱼，于是，他们想比较谁钓的鱼比较重。

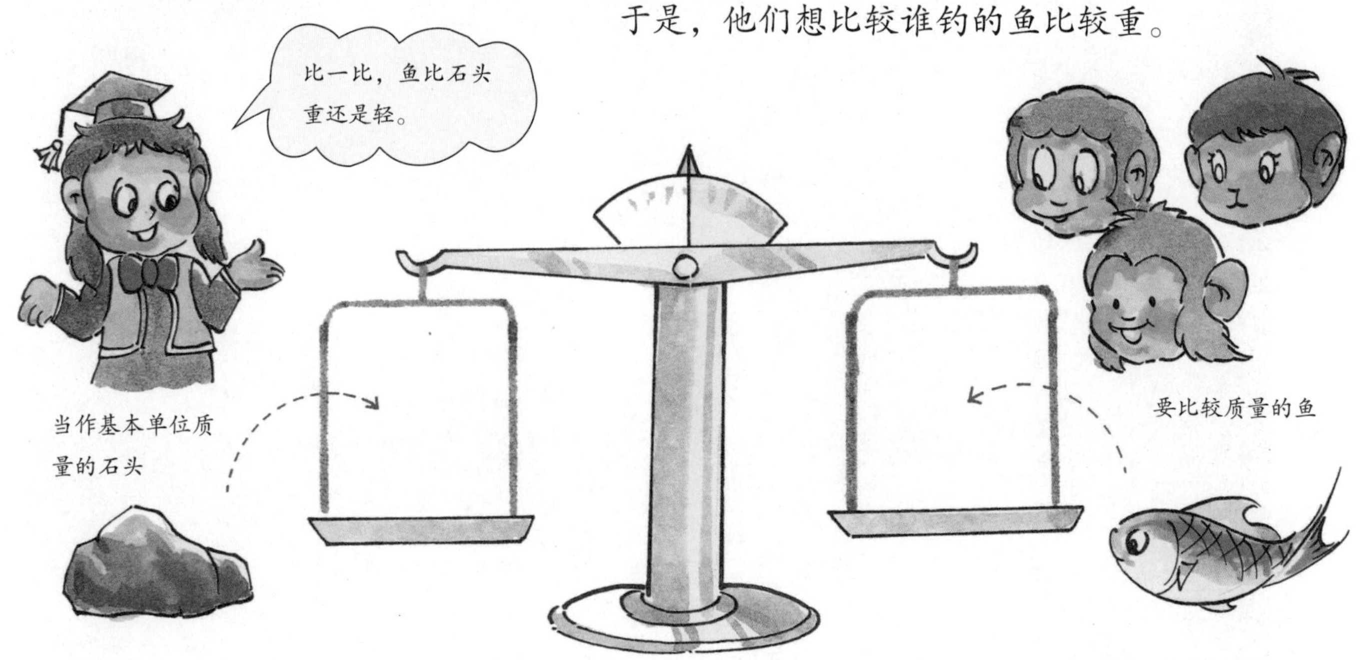

猴小弟们互相比较鱼的质量。

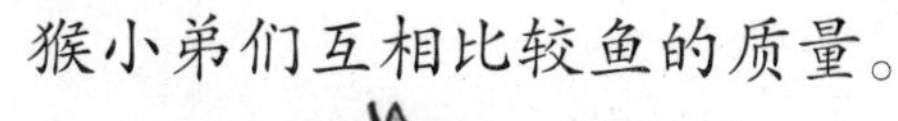

学习重点

①通过质量的比较，知道质量的意义。

②知道质量的单位有千克（kg）、克（g），懂得如何测量质量以及质量的表示方法。

为了能够称得更精确，我们必须先做一种标准形状和质量的物体（又叫砝码），然后用它作为基本单位，再比较鱼和砝码的质量。

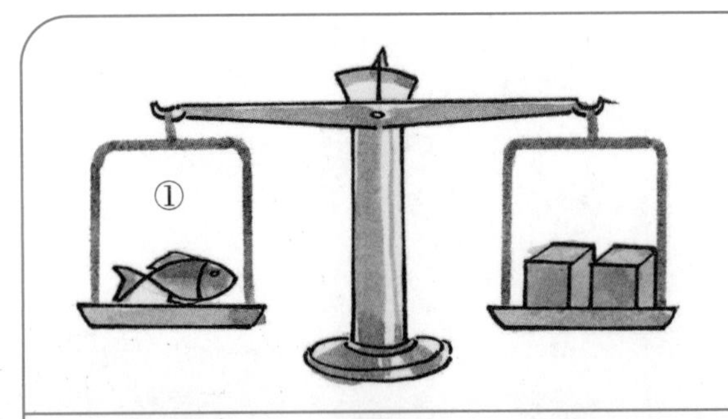

①这条鱼等于2个砝码的质量。

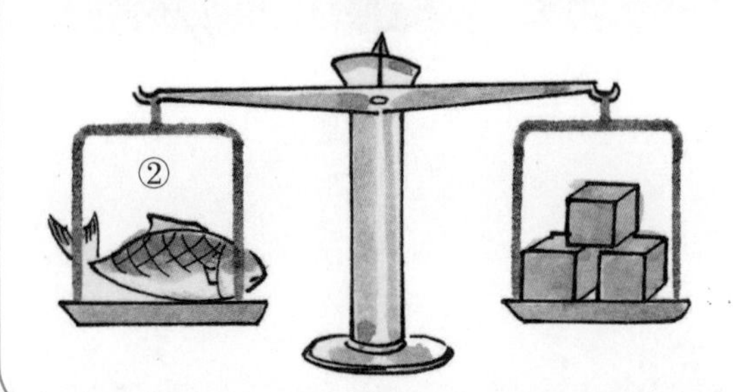

②这条鱼等于3个砝码的质量。

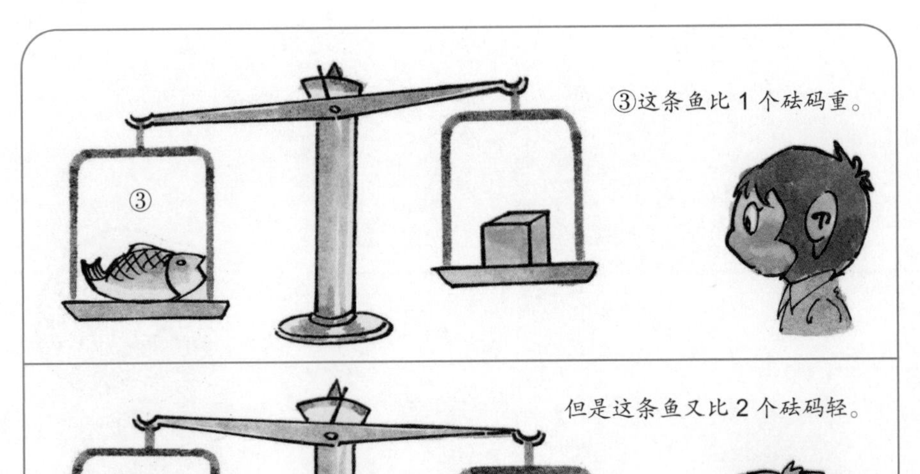

③这条鱼比1个砝码重。

但是这条鱼又比2个砝码轻。

现在的测量方法比前面量得更精确了。可是，3个砝码到底有多重呢？

质量与长度或容积一样，也有它的计量单位。

◉ 质量单位

质量的单位称为克（g）、千克（kg）。现在，我们来看看1克有多重。

长、宽、高都是1厘米的容器，当它装满水时，水的质量就等于1克。

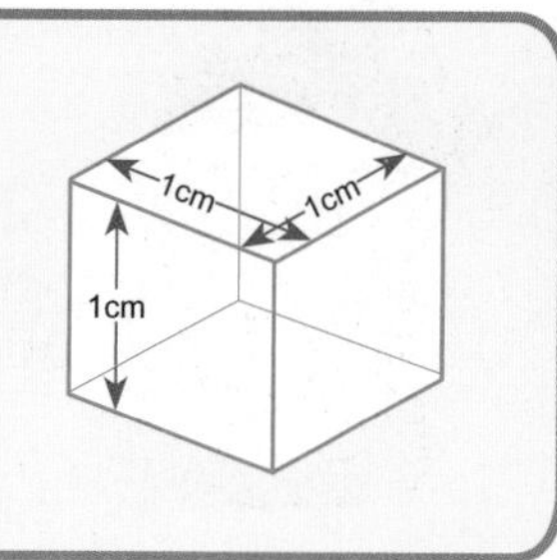

质量的基本单位称为1克，写成1g。

10个1克是10克，写成10g。

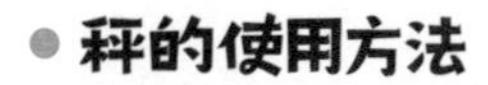

● 秤的使用方法

※ 秤的刻度是从0开始的。在还没有称东西之前，必须先检查指针是否在0的刻度。然后把东西轻轻地放到秤盘上，看一看指针所指的刻度。

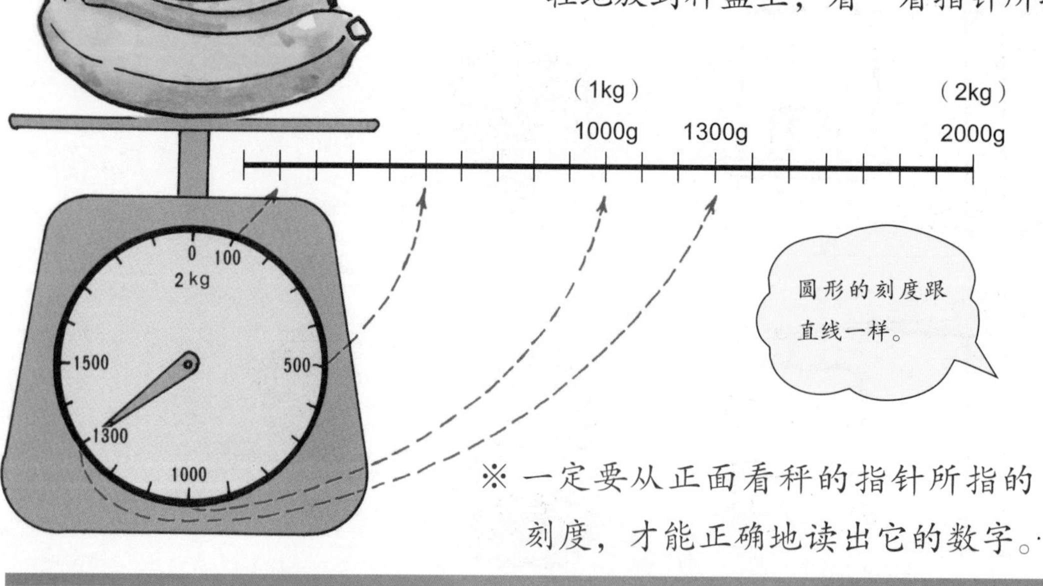

※ 一定要从正面看秤的指针所指的刻度，才能正确地读出它的数字。

10 个 10 克等于 100 克，也可以写成 100g。

10 个 100 克等于 1000 克，也可以写成 1000g。

1000 克又称 1 千克，可以写成 1kg。

1kg=1000g

100g 用 kg 表示就变成了 0.1kg。

刻度的读法：只要将东西放在秤盘上，再读出指针所指的刻度就可以了。现在，指针所指的刻度是：

1300g

也就是 1kg300g，可以用小数表示为 1.3kg。

整　理

（1）秤可以称质量。

（2）表示质量的单位是千克、克。1 千克写成 1kg，1 克写成 1g。

1kg=1000g

（3）1kg 的 $\frac{1}{10}$ 等于 $\frac{1}{10}$ kg，如果用小数表示就变成了 0.1kg。

（4）用秤称东西，只要正确读出秤面上的刻度，便能知道所测量东西的质量。

巩固与拓展

整 理

1. 质量的单位

（1）千克是质量的单位之一。

（2）比 1 千克轻的物品可以用克作为质量的单位。

1 千克 =1000 克。

1 克 =0.001 千克。
1000 克 = 1 千克。

1 千克的$\frac{1}{10}$等于 100 克。

0.5 千克等于 500 克，传统上叫作“1 斤”。

试一试，来做题。

1. 猫、鸭子、松鼠正在比较体重。

①看一看秤的指针所指的刻度，写出这三种动物的体重。

猫 □ 松鼠 □ 鸭子 □

②按照体重从重到轻的顺序写出三种动物的名称。

（　　　）（　　　）（　　　）

③最重的和最轻的动物的体重相差几千克几克？

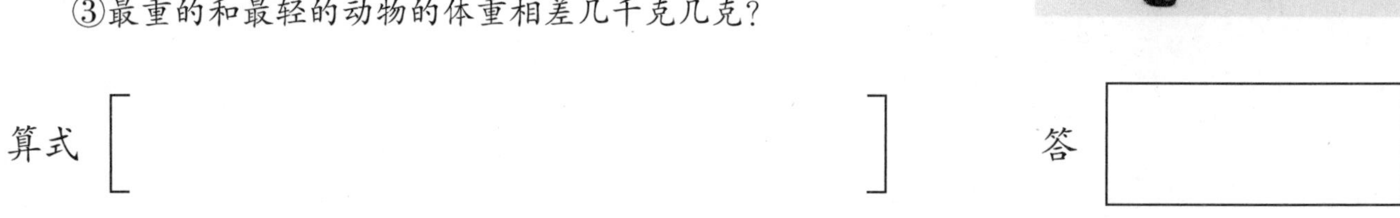

算式 [　　　　　　　　] 答 □

答案：1. ①猫 2 千克 400 克（2.4 千克）、松鼠 1 千克 700 克（1.7 千克）、鸭子 700 克（0.7 千克）；②猫、松鼠、鸭子；③ 2400 克 −700 克 =1700 克，1 千克 700 克。

2. 秤

（1）质量可以用秤来测量。

秤的刻度读法是从秤的正面，看秤面上指针所指的刻度。

（2）秤的使用方法

①先检查秤最多能秤几千克或几克。

②检查秤每 1 大刻度和每 1 小刻度所表示的质量。

③如果是上图的秤，秤盘上没有物品时，指针是不是指着 0。

④先估计物品的大概质量，看一看能不能用秤来称。

⑤将物品放在秤盘上，看一看指针所指的刻度。

（3）可以把物品放进袋子或瓶子里，然后再称重。

容器的质量 + 物品的质量 = 全部的质量

④猫和松鼠的体重一共是几千克几克？

算式 [　　　　　　　　　　]　　答 [　　　　]

答案：④ 2400 克 +1700 克 =4100 克，4 千克 100 克。

解题训练

■ 质量的比较问题。

1 比较下面①、②、③的质量。每个砝码的质量都相同。按照质量从重到轻的顺序把这三个物体排列出来。

① ② ③

◀ 提示 ▶
仔细观察秤两边的平衡情形。

解法：②的质量等于 4 个砝码，①的质量等于 3 个砝码，③的质量比 3 个砝码轻，因此可以看出②最重，③最轻。

答：排列顺序为②、①、③。

■ 了解秤的刻度，训练刻度的读法。

2 读一读，下面两个秤的指针所指的刻度各是多少？

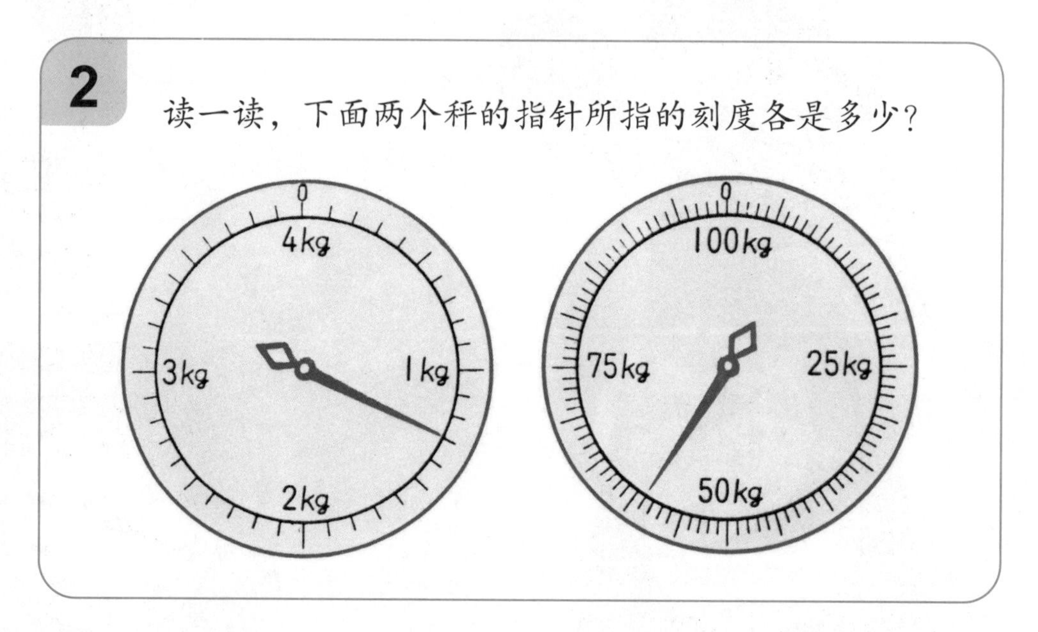

◀ 提示 ▶
想一想，最小的刻度质量是多少？

解法：注意指针前端所指的刻度，先找出大刻度，知道大概的质量后，再仔细找出最小刻度所指的位置。

答：① 1 的刻度为千克 300 克（1.3 千克）；
②的刻度为 59 千克。

■ 计算去掉容器后的物品质量。

3 有 8 个质量相同的蛋，和 300 克的篮子一起秤时，质量共有 740 克，请问每个蛋的质量是多少克？

◀ 提示 ▶
先得出 8 个蛋的质量。

解法：全部质量减去篮子的质量就是蛋的质量。

全部的质量 − 容器的质量 = 蛋的质量

算式是 740−300=440（克）

440 克是 8 个蛋的质量，所以每个蛋的质量是 440÷8=55（克）。

答：每个蛋的重量是 55 克。

■ 求全部的质量。

4 小明把 2.5 千克的土豆装进 300 克的袋子里，袋子和土豆的全部质量是多少千克？

◀ 提示 ▶
1 千克 =1000 克。先把单位统一后再计算。

解法：　土豆的质量加上袋子的质量就是全部的质量。

物品的质量 + 袋子的质量 = 全部的质量

用千克作为单位，300 克 =0.3 千克。

2.5+0.3=2.8（千克）

答：全部质量是 2.8 千克。

加强练习

1. 根据秤上物体的质量，在下方秤面上补画指针。

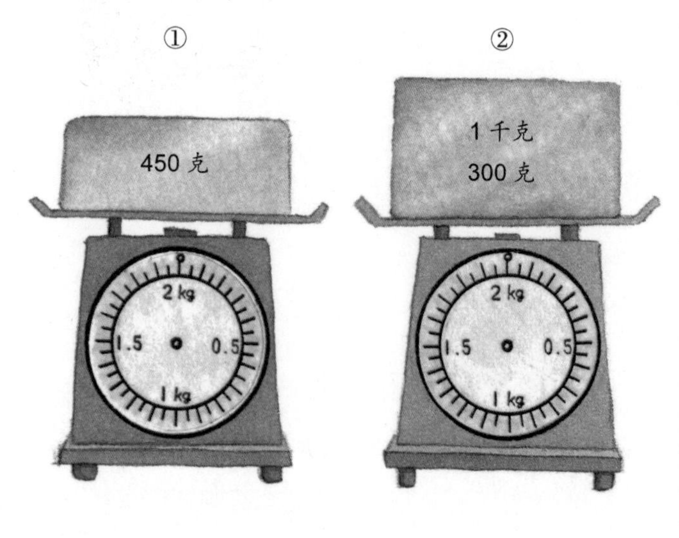

2. 右面每一题的左右两边重量相差多少？

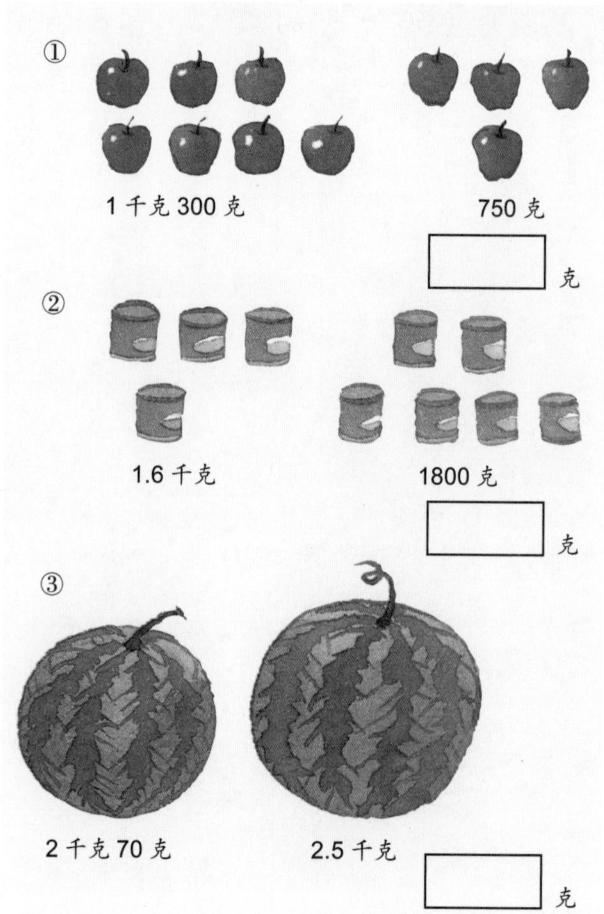

解答和说明

1. 每 1 小刻度是 0.05kg，也就是 50 克。

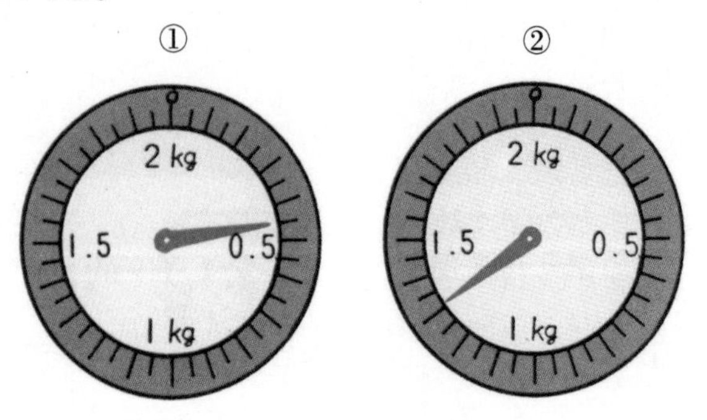

2. 先把单位统一后再计算。

① 1 千克 300 克 =1300 克

1300−750=550（克）

答：550 克。

② 1.6 千克 =1600 克

1800−1600=200（克）

答：200 克。

③ 2 千克 70 克 =2070 克

2.5 千克 =2500 克

2500−2070=430 克

答：430 克。

3. 把 200 克重的数学课本和 400 克重的练习本放进背包里，背包净重为 2.3 千克。全部的质量是多少千克？

算式 [ ]

答 □ 千克

4. 容器的质量是 200 克，放进糖后，全部的质量是 420 克。算一算，还要再装多少克糖，糖的质量会成为 300 克。

420 克

算式 [ ]

答 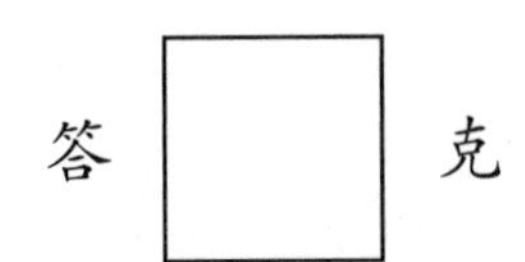 克

5. 容器的质量是 250 克。如果装满半个容器的糖果，质量是 2 千克 450 克。如果把整个容器装满同样的糖果，全部的质量是多少？

算式 [ ]

答 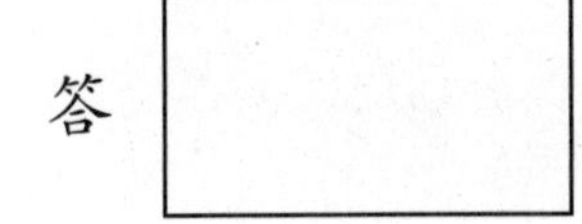

3. 因为是计算全部的质量，所以全部相加，用千克作为质量的单位。

200 克 =0.2 千克，400 克 =0.4 千克，0.2+0.4+2.3=2.9（千克）。

答：全部质量是 2.9 千克。

4. 糖的质量为 = 全部的质量 − 容器的质量

420−200=220（克），再加上多少克的糖会成为 300 克，列算式为：

300−220=80（克）

答：还要再装 80 克糖。

5. 全部的质量是 2 千克 450 克，糖果的质量是全部的质量减去容器的质量，2450−250=2200（克）。整个容器装满糖果，糖果的总质量是 2200 克的 2 倍，2200×2=4400（克），再加上容器的质量就是全部的质量，4400+250=4650（克）。

答：全部的质量为 4 千克 650 克。